Como Eu Ensino

Números naturais e operações

Como Eu Ensino

Números naturais e operações

Célia Maria Carolino Pires

Editora Melhoramentos

Pires, Célia Maria Carolino
  Números naturais e operações / Célia Maria Carolino Pires. São Paulo:
Editora Melhoramentos, 2013. (Como eu ensino)

  ISBN 978-85-06-07158-8

  1. Educação e ensino. 2. Técnicas de ensino – Formação de professores.
  3. Matemática – Técnicas de ensino. I. Título. II. Série.

13/059   CDD 370

Índices para catálogo sistemático:
  1. Educação e ensino 370
  2. Formação de professores – Ensino da Educação 370.7
  3. Psicologia da educação – Processos de aprendizagem - Professores 370.15
  4. Matemática – Técnicas de ensino 371.33
  5. Matemática – Ensino da ciência 510
  6. Aritmética – Ensino da ciência 513

Obra conforme o Acordo Ortográfico da Língua Portuguesa

Organizadores Maria José Nóbrega e Ricardo Prado

Coordenação editorial ESTÚDIO SABIÁ
Edição de texto Bruno Salerno Rodrigues
Revisão Ceci Meira, Nina Rizzo
Pesquisa iconográfica Monica de Souza
Capa, projeto gráfico, ilustrações e diagramação Nobreart Comunicação

© 2013 Célia Maria Carolino Pires
Direitos de publicação
© 2013 Editora Melhoramentos Ltda.

1ª edição, junho de 2013
ISBN: 978-85-06-07158-8

Atendimento ao consumidor:
Editora Melhoramentos
Caixa Postal: 11541 – CEP: 05049-970
São Paulo – SP – Brasil
Tel.: (11) 3874-0880
www.editoramelhoramentos.com.br
sac@melhoramentos.com.br

Impresso no Brasil

Apresentação

De que maneira uma pessoa configura sua identidade profissional? Que caminhos singulares e diferenciados, no enfrentamento das tarefas cotidianas, compõem os contornos que caracterizam o professor que cada um é?

Em sua performance solitária em sala de aula, cada educador pode reconhecer em sua voz e gestos ecos das condutas de tantos outros mestres cujo comportamento desejou imitar; ou silêncios de tantos outros cuja atuação procurou recalcar.

A identidade profissional resulta de um feixe de memórias de sentidos diversos, de encontros e de oportunidades ao longo da jornada. A identidade profissional resulta, portanto, do diálogo com o outro que nos constitui. É coletiva, não solitária.

A coleção Como Eu Ensino quer aproximar educadores que têm interesse por uma área de conhecimento e exercem um trabalho comum. Os autores são professores que compartilham suas reflexões e suas experiências com o ensino de um determinado tópico. Sabemos que acolher a experiência do outro é constituir um espelho para refletir sobre a nossa própria e ressignificar o vivido. Esperamos que esses encontros promovidos pela coleção renovem o delicado prazer de aprender junto, permitam romper o isolamento que nos fragiliza como profissionais, principalmente no mundo contemporâneo, em que a educação experimenta um tempo de aceleração em compasso com a sociedade tecnológica na busca desenfreada por produtividade.

A proposta desta série de livros especialmente escritos *por professores para professores* (embora sua leitura, estamos certos, interessará a outros aprendizes, bem como aos que são movidos incessantemente pela busca do conhecimento) é sintetizar o conhecimento mais avançado existente sobre determinado tema, oferecendo ao leitor-docente algumas ferramentas didáticas com as quais o tema abordado possa ser aprendido pelos alunos da maneira mais envolvente possível.

Números naturais e operações na coleção Como Eu Ensino

A matemática é uma grande aventura do conhecimento humano, que nos trouxe vários legados – das milenares pirâmides do Egito à ida do homem à Lua. Essa aventura fascinante tem suas origens emaranhadas com as primeiras operações comerciais entre diferentes povos da Antiguidade. Para comerciar, era necessário medir quantidades, saber valorá-las e compará-las com outros artigos. Daí a importância, em termos didáticos, de começar a abordagem desse intrigante território do saber humano pela história dos números.

Tendo surgido da necessidade prática de contar rebanhos e safras, o campo da matemática evoluiu, ao longo dos séculos, em sua capacidade de produzir cálculos, avançando para as especulações sobre a natureza das coisas e do mundo em que vivemos. Então, sendo tão fascinante e inegavelmente útil, por que a disciplina é vista tantas vezes como hermética, árida ou mesmo incompreensível aos olhos dos alunos que se encontram nos primeiros anos de escolarização?

O erro, supomos, não mora na disciplina, mas na forma como ela vem sendo administrada, e aqui está o principal interesse desta obra de Célia Carolino Pires. A autora propõe repensar justamente o início do contato mais íntimo com a disciplina, respondendo à seguinte questão: como a escola dos nossos dias deveria ensinar, no nosso contexto educacional, os números naturais e as quatro operações básicas? Para isso, o livro segue um roteiro muito claro: parte-se da história dos números (capítulo 1) para um levantamento das principais diretrizes e reflexões metodológicas sobre o ensino da matemática no Ensino Fundamental (capítulo 2). Isso posto, a autora mergulha em conceitos que envolvem os números e suas operações, levando-nos a observar a origem e a lógica por trás dessas operações. O capítulo 4 mergulha nas especificidades dos campos da adição, da subtração, da multiplicação e da divisão, apontando exemplos claros e fáceis de serem aplicados em sala. Por fim, o capítulo 5 elenca uma série de expectativas de aprendizagem para cada ano do Ensino Fundamental, renova as sugestões de atividades e, ainda, apresenta um método criativo de ensinar a tabuada. Seus alunos não poderiam esperar um começo mais promissor.

Maria José Nóbrega e Ricardo Prado

Sumário

1. Algumas histórias sobre a criação dos números e da numeração 9
2. Algumas histórias sobre abordagens didáticas dos números naturais e das operações 26
3. Conceitos e procedimentos matemáticos que envolvem números e operações 49
4. Pesquisas de referência para o ensino e a aprendizagem de números e operações 59
5. Como ensinar os números naturais e as operações? 118

Palavras finais 163

Referências bibliográficas 164

A autora 168

Capítulo 1

Algumas histórias sobre a criação dos números e das operações

A matemática é uma grande aventura do pensamento humano. Ao conhecer um pouco de sua história, podemos saber como o pensamento levou inúmeras gerações, em diferentes tempos e lugares, a construir essa fantástica área do conhecimento, tanto do ponto de vista de sua utilidade prática como do ponto de vista de suas especulações teóricas.

Nas salas de aula, no mundo de hoje, um contingente enorme de professores se dedica a ensinar matemática às novas gerações, buscando oferecer-lhes as contribuições das gerações passadas e estimulando-as a prosseguir na aventura do pensamento.

Por isso, além de conhecer os conceitos e procedimentos matemáticos que ensinarão aos alunos, é importante que os professores conheçam e compartilhem um pouco da história da construção desses conhecimentos.

Neste capítulo, vamos apresentar algumas informações sobre aspectos históricos referentes aos números naturais e às operações. Elas podem ser um ponto de partida para estudos que revelem aspectos fundamentais da história de outros conhecimentos matemáticos.

Marcas em ossos e pedras

A origem dos números naturais está ligada às necessidades humanas de contar e de medir.

A constatação de que a ideia de número já existia desde os tempos pré-históricos é confirmada por marcas em ossos e desenhos gravados em paredes de cavernas com esses primeiros registros numéricos.

No Osso de Ishango, por exemplo, que data do período Paleolítico Superior, aproximadamente entre 18000 e 20000 a.C., encontrado no continente africano e atualmente no acervo do Real Instituto Belga de Ciências Naturais, em Bruxelas, na Bélgica, há uma série de traços talhados, divididos em três colunas, abrangendo todo o comprimento do osso. Para alguns cientistas, essas marcas indicam uma compreensão matemática que iria além da mera contagem.

Outras descobertas de ferramentas de contagem (paus ou ossos com vários cortes) foram feitas em todo o mundo. Bons exemplos são o Osso de Lebombo, que tem cerca de 35 mil anos, e uma tíbia de lobo de 32 mil anos que conta com 57 traços, agrupados em cinco grupos – encontrada na antiga Tchecoslováquia, em 1937.

Certamente, com o passar do tempo, as necessidades de realizar contagens e medidas, bem como a de registrar os resultados obtidos, impulsionaram a criação de formas de registro mais sofisticadas do que a mera associação de traços a uma dada quantidade de objetos.

Estamos nos referindo à criação de sistemas de numeração, ou seja, de um conjunto de símbolos usados para representar números, com base em uma série de regras para combinar esses símbolos.

Conhecendo os sistemas de numeração de egípcios, babilônios, maias e romanos, entre outros, podemos compreender os antecessores do sistema de numeração atual, que nos foi legado pelos indianos.

Numeração na civilização das pirâmides

As inscrições históricas revelam que a civilização egípcia tinha muita familiaridade com grandes números, desde tempos os mais remotos. Como registra Boyer (1976), no Museu de Oxford há um cetro real de mais de 5 mil anos que exibe um registro de 120 mil prisioneiros e 1.422.000 cabras capturadas. Tudo indica que os antigos egípcios eram muito precisos no contar e no medir, haja vista a construção das famosas pirâmides que marcam sua civilização.

Os egípcios criaram um sistema de numeração bastante interessante. Os números de 1 a 9 eram representados por bastões, como mostra a figura 1.

Figura 1. Números de 1 a 9 no sistema de numeração egípcio.

Para representar o 10, criaram um símbolo especial: ∩, segundo alguns, um calcanhar invertido, que substituía dez bastões.

Com esses símbolos, pela adição de seus valores os antigos egípcios representavam números até 99. Como exemplo, estão indicadas a seguir as escritas dos números 11, 12, 23, 38 e 99.

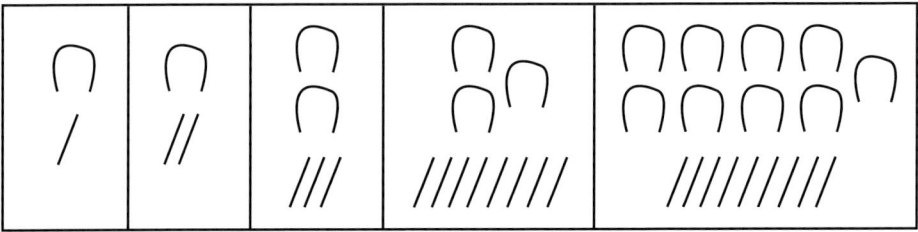

Figura 2. Números 11, 12, 23, 38 e 99 no sistema de numeração egípcio.

O 100 era representado por um pedaço de corda enrolada: 𝒫. O 1.000 era uma flor de lótus: ⚘. Os egípcios criaram, ainda, símbolos como um dedo (𝒫) para denotar o 10.000 e um peixe (⌒⨯) para representar o 100.000. É curioso observar que o símbolo criado para o milhão era uma figura humana (𝒲), segundo alguns, um deus do infinito.

Uma gravação em pedra de cerca de 1500 a.C., encontrada em Karnak e atualmente no Museu do Louvre, em Paris, representa os números 276 e 4.622.

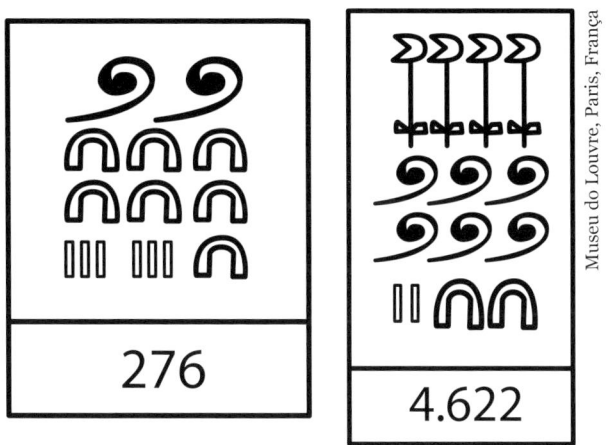

Figura 3. Gravação em pedra encontrada em Karnak, Egito, datando de cerca de 1.500 a.C. Representa os números 276 e 4.622.

Numeração na civilização mesopotâmica

O quarto milênio antes da era cristã é considerado um período de grande progresso cultural, pois corresponde aos primeiros usos da escrita, da roda e dos metais. Nessa época, além do Egito, também o vale mesopotâmico contava com civilizações bastante desenvolvidas.

Essas civilizações são frequentemente chamadas de babilônicas, denominação apenas parcialmente correta, pois a cidade de Babilônia não foi o único centro de cultura da região.

Uma característica marcante dos povos babilônicos foi a sua escrita cuneiforme, na qual se usavam cunhas para fazer marcas em placas de argila. Dependendo da posição da cunha, os babilônios faziam a marca do 1 e do 10. Pela repetição dessas marcas, usando o procedimento aditivo, escreviam os números de 1 a 59, como pode ser visto na figura 4.

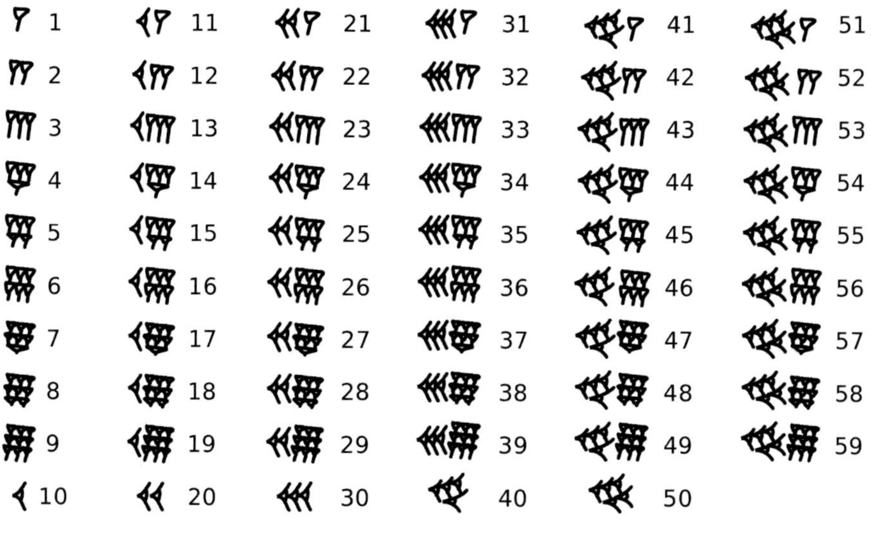

Figura 4. Numerais (até 59) do povo babilônico.

Numeração em uma civilização pré-colombiana

No continente americano, a civilização maia também deixou marcas de seus conhecimentos matemáticos.

Os maias que viviam na península de Yucatán, no México, por exemplo, construíram um sistema de numeração usando pontos e barras horizontais. Os primeiros números da sequência maia eram escritos como se vê na figura 5.

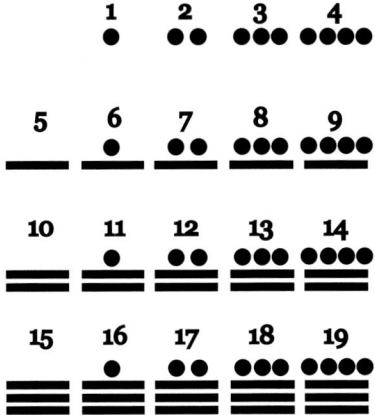

Figura 5. Sistema de numeração dos maias do Yucatán, México.

Para representar números maiores usavam uma escrita vertical, como por exemplo as apresentadas a seguir, para os números 20 e 25, em que se observa a base vigesimal:

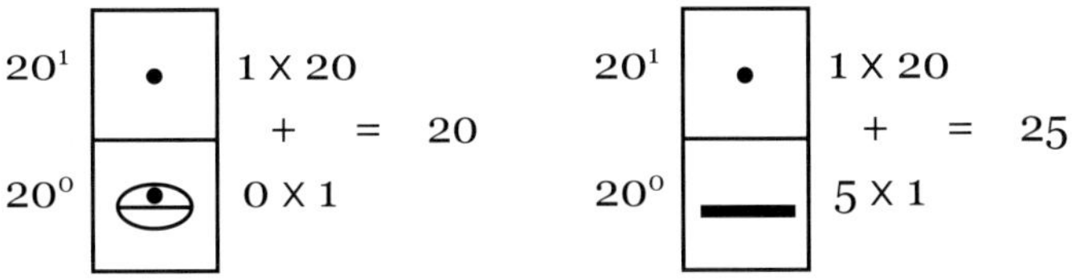

20^1 | • | 1×20
20^0 | 👁 | 0×1 $+ = 20$

20^1 | • | 1×20
20^0 | ▬ | 5×1 $+ = 25$

Os números no poderoso Império Romano

Certamente bem mais conhecido do que os sistemas anteriores, pelo fato de ter sido tradicionalmente ensinado nas escolas, é o sistema de numeração romano, que usava letras latinas para representar os números e uma série de regras para combinar esses símbolos numéricos:

I	V	X	L	X	D	M
1	5	10	50	100	500	1.000

Figura 6. Símbolos básicos do sistema de numeração romano.

O registro numérico romano, como os anteriormente apresentados, era usado para representar o resultado final de contagens e de operações, mas não como apoio a cálculos como fazemos atualmente com os números que usamos.

Não se faziam cálculos com base em escritas, como por exemplo multiplicar MMMDCCCLXXXIII por CCCLXVI. Para fazer os cálculos se usavam ábacos. Apenas para registrar os resultados finais os romanos empregavam o seu sistema de numeração.

Numeração da Índia

Supõe-se que Leonardo Fibonacci, também conhecido como Leonardo de Pisa por ter nascido na cidade de Pisa, na Itália, por volta de 1175, em sua juventude visitou o Oriente e o norte da África, onde o sistema de numeração indiano era largamente usado.

Ao longo das suas viagens, Fibonacci conheceu a obra de Abu Abdullah Muhammad Ibn Musa al--Khwarizmi (778[?]-846) e assimilou numerosas informações aritméticas e algébricas, compiladas no seu primeiro livro: *Liber abaci* ("O livro do ábaco") – veja ilustração na página ao lado. A obra teve uma enorme influência para a introdução na Europa do sistema de numeração indo-arábico, assim denominado pelo fato de ter sido criado pelos indianos e disseminado pelos árabes, em suas viagens de comércio.

O sistema de numeração indo-arábico, por sua eficiência, engenhosidade e funcionalidade, tornou-se dominante, substituindo os antecessores.

Assim, os algarismos indo-arábicos foram criados e desenvolvidos pela civilização do vale do Indo (região onde hoje se localiza o Paquistão) e trazidos para o Ocidente. No século XII, traduções para o latim da obra de Al-Khwarizmi sobre os números indianos

(*Kitab al-Jabr wa-l-Muqabala*) apresentaram a notação posicional decimal para o mundo ocidental.

O sistema atribuído aos indianos é um sistema numérico decimal, com dez símbolos distintos (1, 2, 3, 4, 5, 6, 7, 8, 9 e 0), chamados algarismos em homenagem a Al-Khwarizmi.

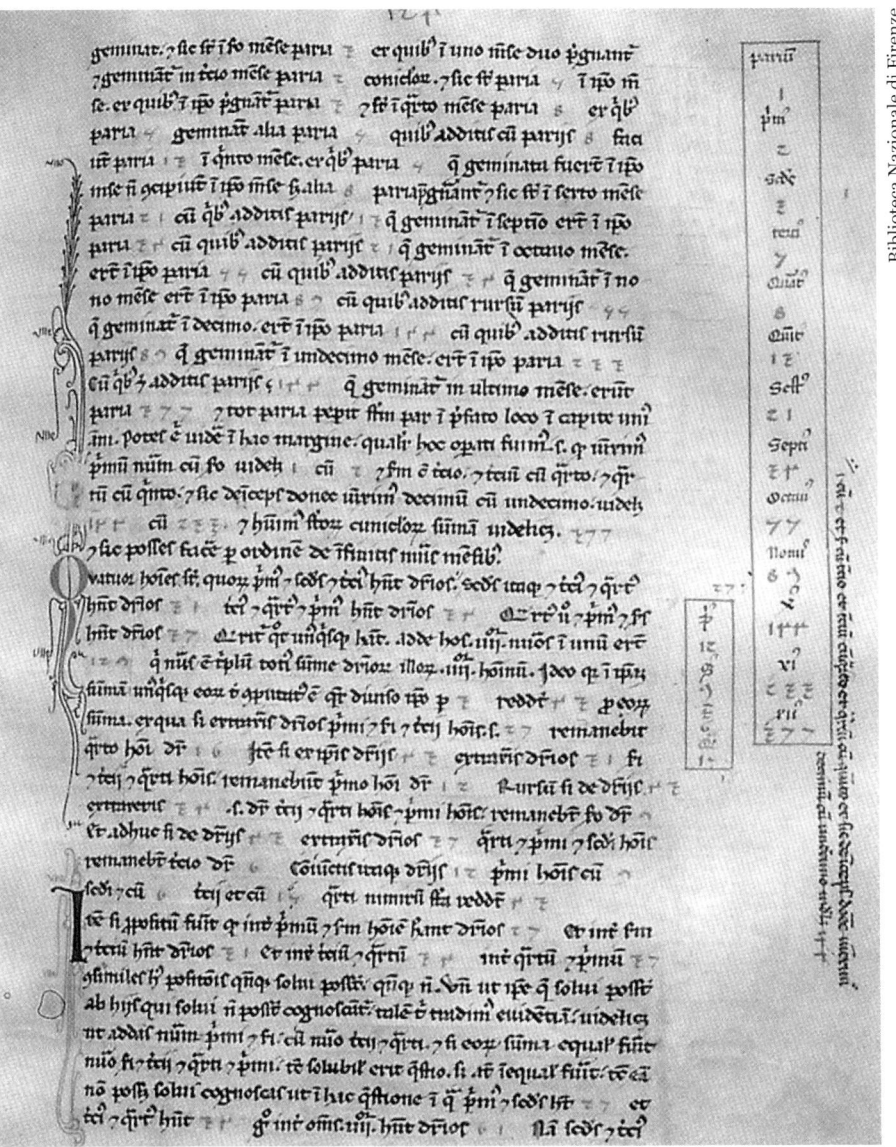

Figura 7. Leonardo Fibonacci. Página manuscrita do *Liber abaci* ("O livro do ábaco").

Enquanto nos outros sistemas de numeração, para representar o número 2 repetia-se o mesmo símbolo usado para representar o número 1, e assim sucessivamente, os hindus criaram um símbolo diferente para cada um dos números de 1 a 9. Criaram também um símbolo para representar a ausência de quantidades: o zero.

Presumivelmente, a escrita para representar o 10 e os demais números surgiu em consequência de um procedimento de contagem indiano que funcionava da seguinte forma: fazia-se um sulco na terra e nele se colocavam, um a um, gravetos, pedras ou o que se quisesse, para representar uma dada contagem de animais ou de outros elementos a contabilizar. Quando chegavam a dez gravetos (ou pedras) nesse sulco, cavavam outro sulco à esquerda do primeiro, retiravam os dez gravetos do primeiro sulco e colocavam um apenas no segundo sulco, que equivalia aos dez. E prosseguiam a contagem, colocando novos gravetos no primeiro sulco. A partir desse procedimento, surgiram escritas como 10, 11, 12...

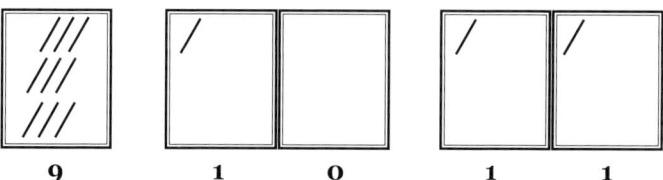

Figura 8. Princípio do sistema de numeração indo-arábico.

No sistema indo-arábico, cada algarismo tem um valor que depende de sua posição na escrita numérica. Por exemplo, na escrita 111, o algarismo 1 vale 100, vale 10 e vale 1, dependendo da posição que ocupa nessa escrita.

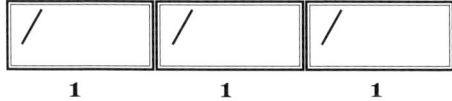

Figura 9. Número 111 no sistema de numeração indo-arábico.

Desse modo, os indianos conseguiram a proeza de, com apenas 10 algarismos, escrever qualquer número, por maior que ele seja. O sucesso desse sistema deve-se ao fato de tornar os cálculos numéricos muito mais fáceis, provocando uma verdadeira revolução na aritmética. Ele é denominado sistema de numeração decimal, pelo fato de trabalhar com agrupamentos de 10.

O zero nos sistemas de numeração

A ausência ou presença do zero nos sistemas de numeração é um dos aspectos mais interessantes no estudo sobre esse tema.

Na numeração egípcia e na romana, por exemplo, como vimos anteriormente, não há registros de um símbolo para o zero.

Parece que os babilônios, a princípio, não tinham um modo claro para indicar uma posição vazia, isto é, não possuíam o símbolo zero, embora às vezes deixassem um espaço vazio para indicar o zero.

Ao tempo da conquista de Alexandre, o Grande, no entanto, um símbolo especial, que consistia em duas pequenas cunhas colocadas obliquamente, foi inventado para marcar lugar em que o numeral faltasse. Mas o símbolo babilônico para o zero aparentemente não terminou de todo com a ambiguidade, pois parece ter sido usado somente para posições intermediárias.

Referências diversas a nove símbolos, em vez de dez, significam que, a princípio, os indianos ainda não tinham dado o segundo passo na transição para o moderno sistema de numeração. Esse passo seria a introdução de uma notação para a posição vazia, isto é, um símbolo zero. A história da matemática contém muitas anomalias e uma delas é a de que a mais antiga ocorrência indubitável de um zero na Índia se acha em uma inscrição de 876 anos atrás, isto é, mais de dois séculos depois da primeira referência aos nove outros símbolos. Não se sabe sequer se o número zero (diferentemente do símbolo para a posição vazia) surgiu em conjunção com os outros nove símbolos numéricos indianos. É bem possível que o zero seja originário do mundo grego, talvez de Alexandria, e que tenha sido transmitido à Índia depois que o sistema decimal posicional já estava estabelecido. Mas é importante assinalar que, embora os gregos tivessem um conceito do nada, eles nunca o interpretaram como um número como fizeram os indianos.

A história do zero para ocupar lugar na notação posicional fica mais complicada ainda quando se observa que o conceito apareceu no continente americano de modo independente, bem antes da aventura de Colombo. Os maias, em sua representação de intervalos de tempo entre datas no calendário, usavam numeração posicional. Eles utilizavam um símbolo semelhante a um olho semiaberto para indicar posições vazias, como podemos observar na escrita do número 40, representada a seguir:

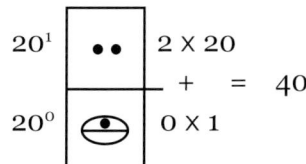

As operações com números naturais

Segundo Boyer (1974), a operação aritmética fundamental no Egito era a adição. As operações de multiplicação e divisão eram efetuadas por sucessivas duplicações. Dessa forma, a multiplicação de 69 por 19 seria efetuada pela soma de 69 com ele mesmo (que dá 138), depois pela adição de 138 a ele mesmo (que dá 276) e novamente pela duplicação do resultado, que dá 552 e, depois, 1.104 (o resultado de 16 x 69). Como 19 = 16 + 2 + 1, o resultado da multiplicação de 69 por 19 é 1.104 + 138 + 69, ou seja, 1.311.

Ainda para esse autor, os babilônios tratavam as operações aritméticas de modo não muito diferente do usado hoje e com facilidade comparável.

Entre os algoritmos criados pela humanidade, há um particularmente interessante. Trata-se da multiplicação feita pelo método da gelosia, provavelmente criado na Índia e divulgado pelos árabes, até chegar à Europa Ocidental.

Na figura 10, podemos observar o método da gelosia para multiplicar 185 por 14.

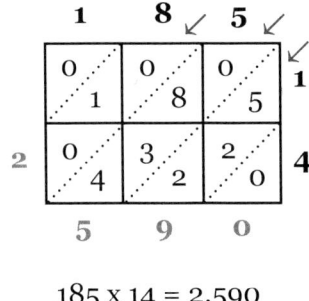

185 x 14 = 2.590

Figura 10. Método da gelosia.

Para ilustrar um procedimento de divisão, podemos observar na figura 11 a divisão conhecida como "galeão", que tinha esse nome por se assemelhar ao perfil das embarcações típicas da era das Grandes Navegações.

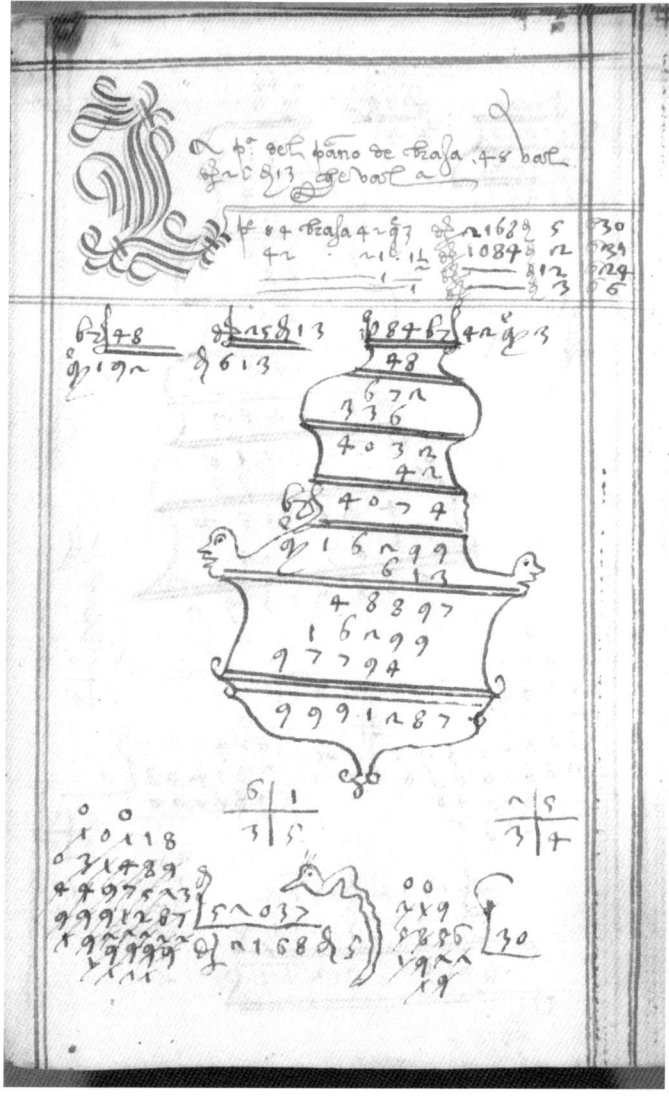

Figura 11. Exemplo da divisão conhecida como "galeão", de *Opus arithmetica D. Honorati veneti monachj coenobij S. Lauretij*, manuscrito da segunda metade do século XVI, c. 1560.

Trata-se da cópia de um manuscrito da segunda metade do século XVI, *Opus arithmetica D. Honorati veneti monachj coenobij S. Lauretij,* feito por Honorato, um monge veneziano. O manuscrito foi copiado por um aluno, provavelmente outro monge, que também fez as ilustrações. A imagem mostra a operação composta para resolver um determinado problema. A multiplicação de 16.299 por 613, resultando no produto 9.991.287, pode ser identificada na configuração central. No canto inferior esquerdo está representada uma divisão.

Abacistas e algoristas

A gravura da página seguinte (figura 12) mostra a disputa entre um abacista e um algorista, feita por Gregor Reisch em 1503, para a publicação da *Margarita Philosophica* (1508). À esquerda, o algorista exibe seus cálculos com símbolos numéricos escritos; à direita, o abacista mostra seu artefato de cálculo, ou seja, um ábaco com bolinhas que deslizam em hastes.

Segundo Boyer, dizia-se que pelo fim da Idade Média havia duas espécies de matemáticos na Europa: os das escolas religiosas e universidades e os que se ocupavam de negócios e comércio. E que entre eles havia muita rivalidade.

Boyer pondera que parece haver pouco fundamento para essa tese, pois, certamente, ambos os grupos participaram na difusão da numeração indo-arábica em solo europeu.

Figura 12. Gregor Reisch: *Margarita Philosophica*, Freiburg, 1503. Gravura sobre madeira.

No século XIII, autores da várias classes sociais ajudaram a popularizar o "algorismo", especialmente Leonardo de Pisa (ou Fibonacci). É curioso notar, a esse respeito, que o livro escrito por ele, o *Liber abaci* ("O livro do ábaco"), tem um título enganoso. Explica-se: não é uma obra sobre o ábaco, mas sim um tratado bastante completo sobre métodos e problemas algébricos, nos quais o uso de símbolos numéricos indo-arábicos é fortemente recomendado.

Capítulo 2

Algumas histórias sobre abordagens didáticas dos números naturais e das operações

No capítulo anterior, destacamos que a matemática é uma grande aventura do pensamento humano, misto de ciência e arte. Da mesma forma, ensinar matemática, tarefa compartilhada por educadores de todo o mundo, também é uma aventura muito especial e desafiadora.

Sabemos que o aprendizado dos números naturais e das chamadas operações fundamentais sempre foi um dos principais objetivos que os professores dos anos iniciais tiveram em relação aos seus alunos. No entanto, a forma de ensinar esse conteúdo foi se modificando ao longo dos tempos, em função de estudos teóricos e do resultado de práticas construídas em salas de aula.

Recuperar a trajetória das lições para ensinar números e operações nos anos iniciais é, de certo modo, uma forma de recuperar a trajetória de uma área de conhecimento denominada educação matemática, também chamada de didática da matemática em alguns países. Essa área tem o objetivo de delimitar e estudar os problemas que surgem durante o processo de ensino e aprendizagem da matemática, com o apoio de diferentes áreas do conhecimento, como a psicologia, a sociologia e a antropologia, apenas para citar algumas.

Como eram ensinados os números e as operações pelos professores há algumas décadas? Com o objetivo de responder a essa questão, vamos apresentar informações extraídas de artigos de professores, bem como de documentos curriculares oficiais. Nessa viagem, voltaremos até a década de 1940 do século passado.

Nos idos de 1940 e 1950

É muito importante destacar, primeiramente, que no Brasil, já na primeira metade do século XX, revistas de educação circulavam e publicavam artigos de professores que se encontravam em sala de aula, fato que foi se tornando menos frequente na medida em que as instituições universitárias se consolidavam no país. Para explorar as práticas e preocupações presentes nas décadas de 1940 e 1950, portanto, escolhemos artigos de professores de sala de aula.

Um deles é o artigo "A aritmética na escola primária", de Maria Aurora Lourenço, professora-adjunta do 2º Grupo Escolar de Ribeirão Preto, para a *Revista da Educação*[1]. A autora do artigo destacava a importância da escola primária na preparação da criança para a vida, onde as diferentes disciplinas escolares "devem se relacionar com fatos e situações que na vida real tenham muita utilidade e aplicação". Para Maria Aurora, a matemática "é o 'exercício superior', que ensina o aluno a pensar e expressar ideias com clareza e exatidão, pois a atividade matemática é marcada por certa objetividade, que reconhece o que se deve fazer, o quanto fez e como o fez".

No entanto, ela salientava que existe certo perigo no ensino dessa disciplina, quando são empregados "métodos defeituosos".

Necessitamos nela (a Matemática) alcançar um grau de perfeição maior do que nas outras matérias, por causa da sua essência de ser exata e precisa,

---
[1] LOURENÇO, 1944, p. 186-197.

por exigir grande solidez nos seus conceitos e operações, um treino intenso, interessado e consciente, porquanto a aprendizagem de um ponto se prende, intimamente, a aprendizagens anteriores.[2]

Maria Aurora fazia referências à didática da matemática, destacando que ela orientava "o trabalho ativo, a simplificação do ensino e sua graduação de acordo com o desenvolvimento mental do aluno"[3].

Para a autora, o ensino da matemática deveria voltar-se aos aspectos utilitários, os quais estariam relacionados às situações que se apresentariam ao aluno quando deixasse a escola. Para que o ensino da matemática se tornasse atraente ao aluno, defendia

a utilização de textos – anedotas, citações referentes às Ciências Exatas, curiosidades e outros – ligados a essa disciplina. Além desses recursos, outros como os gráficos, os jogos aritméticos e os problemas são indicados com a finalidade de favorecerem a "atenção espontânea, base da atenção voluntária".[4]

Essa "atenção voluntária" com o tempo se fortaleceria, por meio do trabalho e de esforços pessoais, para superar dificuldades de aprendizagens. Dessa forma, o empenho do aluno nas diversas atividades matemáticas era visto pela autora como um meio que proporciona a ele, aluno, ser "agente da própria educação"[5].

Maria Aurora já fazia uma crítica às preleções e explicações do professor, que deixavam o aluno numa posição passiva, interferindo negativamente na formação da vontade. "A criança precisa aprender por si mesma, sob a direção e orientação do professor que se esforçará por conseguir dela toda a sua iniciativa

---

[2] Ibidem, p. 186.
[3] Ibidem, p. 186.
[4] Ibidem, p. 186.
[5] Ibidem, p. 187.

e todo o seu poder criador, conquistando primeiro a sua afeição."

Quanto aos programas do curso primário, a autora salientava que, ao deixar a escola, o aluno deveria ter desenvolvido "uma noção sólida e consciente de quantidade", soubesse "praticar com exatidão e velocidade as operações aritméticas" e fosse capaz de "resolver os problemas matemáticos, que se lhe hão apresentar"[6].

Para o alcance desse objetivo, a escola deveria proporcionar o "desenvolvimento do raciocínio". Segundo a autora, o aluno raciocinará bem se possuir experiências sobre os fatos, se conhecer as ideias e princípios que a eles estão relacionados e, ainda, se for capaz de evocar esses fatos e ideias.

Isso justificaria a divisão do ensino da matemática em duas partes: na primeira, o aluno teria "noção clara dos valores com que vai jogar, praticando exercícios de cálculo mental, concreto e abstrato"[7]. Na segunda parte, as noções assimiladas na parte anterior seriam aplicadas à resolução de problemas. Assim, Maria Aurora Lourenço apontava a apresentação de problemas como um meio ideal que conduz o aluno a pensar.

Para a autora, a organização dos problemas deveria ser feita conforme os interesses do educando, de modo a cativar a sua curiosidade e, assim, não prejudicar a atividade intelectual essencial "ao conhecimento positivo ou adestramento proveitoso"[8].

Ressaltava a nova orientação pedagógica da época, segundo a qual ao aluno seriam dados "problemas nos quais ele tenha ocasião de raciocinar de modo racional e útil, em condições semelhantes às verdadeiras"[9].

Dava, ainda, exemplos de problemas reais e práticos: pagamento de contas, impostos, taxas, receitas

---

[6] Ibidem, p. 187.
[7] Ibidem, p. 187-188.
[8] Ibidem, p. 188.
[9] Ibidem, p. 188-189.

e despesas domésticas, salário, previdência e outros. Ou seja, quanto mais próximos da realidade forem os dados apresentados pelos problemas, mais habilitarão o aluno a resolvê-lo, enquanto consumidor e cidadão. Contudo, os problemas só interessarão à criança se estiverem "ao alcance de seu desenvolvimento mental e relacionados com o meio"[10].

A autora apresentava as seguintes características de um problema interessante (além dos aspectos relacionados ao tipo de assunto abordado e à sua utilidade):

- a clareza de linguagem (termos empregados, vocabulário etc.);
- a escolha dos dados, retirados da vida real;
- a utilização de situações extraídas do cotidiano do aluno.

Distinguia os vários tipos de problemas: os problemas práticos, os sem número, os em série, os incompletos, os mecânicos, os de logicidade, os simples e os compostos.

Quanto à apresentação, os problemas matemáticos poderiam ser tanto verbais quanto escritos. Maria Aurora reconhecia ser importante a própria criança elaborar problemas.

Sugeria, também, que o professor fizesse uma seriação dos problemas, de modo a iniciar pelos mais simples e prosseguir, gradativamente, aumentando em complexidade os problemas propostos.

Seguindo a gradação natural do espírito humano – primeiro o que é concreto e material, depois o abstrato; o que é simples e fácil antes, depois o que é complexo e difícil; o mínimo antes do máximo, ela

---
[10] Ibidem, p. 189.

(a professora) organizará uma seriação conveniente para os problemas, nos quais as dificuldades não serão tão banais a ponto de não excitarem o pensamento do aluno, nem tão grandes que o fatiguem e lhe deem uma desoladora sensação de incapacidade.[11]

A autora descrevia três fases no desenvolvimento de um problema:

1ª fase (preparatória): o professor, ao criar uma situação-problema, estimularia o interesse do aluno em buscar uma solução.

2ª fase (exercício): trata-se da prática repetitiva de problemas, cujos enunciados são diferentes, mas envolvem as mesmas noções. O objetivo é fazer que o caminho da resolução para tais problemas seja evidente ao aluno. A repetição não é vista como uma atividade enfadonha, pois "só em aparência se repete, em realidade se faz de novo, porque se aprofundam os conceitos, se descobre maior riqueza de relações"[12].

3ª fase (correção): individual ou coletiva. Na correção coletiva, aconselha o professor a chamar os alunos com dificuldades na resolução do problema para resolvê-los na lousa. Assim, o docente acompanha os cálculos efetuados pelo aluno e o conduz, por meio de perguntas, a encontrar o caminho e os resultados esperados.

Quanto aos erros cometidos pelos alunos na resolução de problemas, Maria Aurora comentava:

Erram uns por leitura superficial e mau raciocínio, outros por falta de atenção nos cálculos ou omissões.

---
[11] Ibidem, p. 193.
[12] Ibidem, p. 194.

Para cada uma destas falhas procurará o mestre dar exercícios adequados que as façam desaparecer. No decorrer do aprendizado dos problemas procura-se promover no educando a formação de bons hábitos e atitudes.[13]

Os hábitos e atitudes aos quais se referia são: ação imediata, ação contínua e constante, exatidão nos cálculos, ordem e asseio, para tornar a resolução apresentável e facilitar os cálculos.

No final do artigo, a autora declarava: "a escola de hoje pretende que os trabalhos de aritmética se aliem o mais possível às questões práticas e reais"[14].

Para uma retomada de ideias veiculadas na década de 1950, selecionamos dois artigos: "O ensino dos problemas aritméticos", do professor Orlando Ferreira de Melo, da Escola Normal Pedro II, de Blumenau (SC), para a *Revista do Ensino*[15]; "Os programas de aritmética do curso primário", de Walther Barioni, de São Paulo (SP), para a *Revista do Professor*[16].

Em seu artigo, o professor Melo referia-se a uma das principais dificuldades que os professores primários enfrentavam no ensino dos problemas aritméticos: "a passagem dos problemas simples para os complexos", ou seja, daqueles que envolvem apenas uma operação matemática para aqueles que envolvem várias operações.

O autor acreditava que o ensino dos problemas simples deveria acontecer nas duas primeiras séries. Se na 2ª série os alunos estivessem "adiantados", os problemas complexos poderiam ser apresentados a partir do segundo semestre. Na 3ª série, a resolução de problemas complexos ocorreria somente "quando os alunos soubessem, com

---
[13] Ibidem, p. 196.
[14] Ibidem, p. 196.
[15] MELO, 1952, p. 61.
[16] BARIONI, 1957, p. 32.

segurança, resolver problemas simples, sem hesitar diante da operação que deveria ser efetuada: somar, subtrair, dividir ou multiplicar".

O professor Orlando de Melo considerava inútil o ensino de problemas complexos a alunos que não sabiam qual a operação ou as operações matemáticas relacionadas ao problema. Para o autor, um problema complexo nada mais é que um agrupamento de problemas simples.

Orientava o professor a apresentar as mesmas situações diversas vezes, mudando apenas os dados e o enunciado dos problemas. Com isso, os alunos compreenderiam "que resolver um problema de duas operações é o mesmo que resolver dois problemas simples, o que para eles não apresenta dificuldades".

Outra orientação seria propor à classe um problema composto (complexo), de duas operações, por exemplo, e decompô-lo em dois problemas simples.

Sugeria ainda que houvesse a participação de todos os alunos durante a execução da atividade. Melo também afirmava: "A análise dos problemas, verdadeira dissecação dos seus enunciados, sintetiza o que podemos exigir dos alunos, em matéria de raciocínio matemático".

Já o professor Walther Barioni iniciava seu artigo afirmando que os programas de aritmética da escola primária não se assentavam em bases psicológicas e sociais – por isso, estariam eles desajustados quanto à idade cronológica e nível mental dos alunos e, também, quanto às noções, que não mais eram usadas no meio social. Destacava, desse modo, o aspecto exageradamente formal dos programas de matemática.

Barioni fazia referência a uma pesquisa realizada pela Comissão dos Sete (Conferência de Illinois, EUA), que abrangeu milhares de crianças norte-americanas, sobre a idade e o aprendizado de certas noções de aritmética. A pesquisa, além de revelar a falta de base científica dos programas de matemática, constatava que alunos de 7 a 8 anos de idade não deveriam ir além da adição e da subtração. E que apenas entre 11 e 12 anos os alunos teriam maturidade, do ponto de vista psicológico, para o estudo das frações.

O autor destacava então que, no Brasil, nenhum estudo experimental havia sido empreendido para verificar com qual idade as crianças brasileiras deveriam iniciar o estudo de aritmética e geometria.

Ao concluir seu artigo, Barioni fazia uma crítica aos responsáveis pelos programas de matemática em vigor na escola elementar, apontando que programas de matemática em vigor no curso primário de todo o mundo estavam sobrecarregados. Destacava ainda que as crianças dessa faixa etária, naturalmente imaturas, são obrigadas a "estudar", mas não a aprender, tópicos absolutamente acima de suas possibilidades de aprendizado.

As transformações sociais dos anos 1960 e 1970

Podemos dizer que, ao longo dessas décadas, o ensino de matemática no Brasil teve grande influência do ideário do movimento da matemática moderna e, especialmente, das teorias piagetianas.

As ideias de Jean Piaget sobre a construção do número chegavam ao Brasil e, com elas, a importância de se trabalhar as chamadas atividades pré-numéricas para possibilitar a construção do conceito de número pela criança. O trabalho pedagógico com números enfatizava o papel das atividades de seriação, classificação e correspondência termo a termo para a construção desse conceito.

Materiais como os blocos lógicos, divulgados por Zoltan Dienes em visitas ao Brasil, eram muito usados como recurso em atividades que visavam ao desenvolvimento do raciocínio lógico, tomando por base o uso de materiais denominados concretos.

Defendia-se a necessidade de a criança fazer mais que a simples associação de um símbolo à quantidade, percebendo que cada número designava uma coleção de coleções com a mesma quantidade de elementos. Assim, trabalhavam-se as noções de conjunto, pertinência e inclusão, e colocava-se a importância de que a criança distinguisse número de numeral.

A aprendizagem do sistema de numeração decimal apoiava-se no trabalho de atividades com uso do Material Dourado Montessori (em diferentes bases e na base 10), em que se apostava no fato de que, mediante a manipulação desse material, as crianças se apropriariam das características do sistema de numeração.

Uma dessas atividades era o jogo do Nunca Dez. Nele, cada aluno, na sua vez de jogar, lançava um dado de pontos e retirava na caixa do material dourado igual quantidade de cubinhos. Quando ele conseguisse mais do que dez cubinhos, trocava-os por uma barra que estava na caixa do material. Quando conseguisse dez barras, trocava por uma placa. Vencia o jogador que conseguisse primeiro dez placas ou o número de placas previamente combinado.

Seguia-se a organização linear, ensinando-se primeiro os números até 10, depois de 11 a 20, e assim por diante. Geralmente, no primeiro ano de escolaridade as crianças só teriam contato na escola com os números até 99.

Com relação às operações, os livros didáticos colocavam ênfase na visualização de conjuntos.

É importante destacar que, nessa época, as principais referências bibliográficas eram os livros de

Piaget: *A construção do real na criança*[17]; *A formação do símbolo na criança: imitação, jogo e sonho, imagem e representação*[18]; *A linguagem e o pensamento na criança*[19]; *A epistemologia genética*[20]; *Seis estudos de psicologia*[21]; além de *A gênese do número na criança*[22], escrito por Piaget em parceria com Alina Szeminska. Também era muito estudado o livro *As seis etapas do processo de aprendizagem*, de Zoltan Dienes[23].

Anseios por uma educação democrática na década de 1980

Com as críticas ao movimento da matemática moderna, internacionalmente observou-se um refluxo desse movimento, registrado no livro de Morris Kline *O fracasso da matemática moderna*[24], publicado no Brasil em 1976.

Documentos curriculares brasileiros, como a *Proposta curricular para o ensino de matemática: 1º grau*[25], elaborado por técnicos da Secretaria de Estado de Educação de São Paulo, explicitavam sua crítica ao trabalho excessivamente apoiado na linguagem simbólica dos conjuntos como algo a ser revisto.

Na *Proposta curricular...*, lia-se:

> *Podem-se estudar os Números a partir de sua organização em conjuntos numéricos, passando-se*

---

[17] Tradução de Álvaro Cabral. Rio de Janeiro: Zahar, 1970.
[18] Tradução de Álvaro Cabral. Rio de Janeiro: Zahar, 1971.
[19] Tradução de Manuel Campos. Rio de Janeiro: Fundo de Cultura, 1959.
[20] Tradução de Nathanael C. Caixeira. Petrópolis: Vozes, 1971
[21] Tradução de Maria A. M. D'Amorim; Paulo S. L. Silva. Rio de Janeiro: Forense, 1967.
[22] Tradução de Christiano Monteiro Oiticica. Rio de Janeiro: Zahar Editores, 3 ed. 1981.
[23] Tradução de Maria Pia B. de Macedo Charlier e René F. J. Charlier. São Paulo: EPU, 1986.
[24] KLINE, 1976.
[25] SÃO PAULO, 1986.

> *dos Naturais aos Inteiros, aos Racionais, aos Reais, tendo como fio condutor as propriedades estruturais que caracterizam tais conjuntos, ou podem-se estudá-los acompanhando a evolução da noção de Número a partir tanto de contagens como de medidas, sem ter ainda as propriedades estruturais claramente divisadas, deixando-se guiar pelo fio condutor que a História propicia e trocando assim uma sistematização prematura por uma abordagem mais rica em significados. Nessa proposta, optou-se por essa última abordagem.[26]*

Com relação ao ensino de números no ciclo básico (período correspondente aos dois anos iniciais do Ensino Fundamental de 8 anos), o documento destaca a importância de trabalhar com atividades de classificação, seriação e simbolização como pré-requisito para a construção do conceito de número, sob a alegação de que as crianças entenderiam o número como uma síntese das ideias de classe e de ordem:

> *No Ciclo Básico, as atividades preparatórias, envolvendo classificações, sequências e simbolizações em sentido amplo, deverão conduzir a uma noção inicial de número e de sistema de numeração. Pretende-se uma introdução aos números naturais, através da contagem e das operações básicas, a partir de seu significado concreto, sem ter ainda preocupações com a formalização de propriedades.*
> *[...] Neste primeiro contato com a Matemática, o fundamental é o estabelecimento de uma linguagem simples referente aos aspectos quantitativos da realidade, envolvendo o sistema de representação dos números que, juntamente com o alfabeto, preparará os alunos para uma verdadeira alfabetização.*

---

[26] Ibidem, p. 11.

Nas séries seguintes, a noção de número é ampliada, passando a incorporar os números racionais, sob representação fracionária. Para isso as ideias iniciais sobre medidas são especialmente importantes.[27]

O documento, ao expor os conteúdos e as observações de ordem metodológica para o ciclo básico, destacava o que era esperado do aluno, ou seja, que ele:

Perceba que cada número natural designa uma coleção de coleções com a mesma quantidade de elementos e que ocupa um lugar na série numérica. Realize a contagem dos elementos de uma coleção e represente simbolicamente (de 1 a 9), bem como, desenvolva o conceito de zero.
Compreenda a estrutura do sistema de numeração decimal.
Compreenda o significado das operações básicas com números naturais e identifique, em situações-problema, as ideias envolvidas em cada uma.
Construa os fatos fundamentais relativos às quatro operações.
Utilize as propriedades das operações na realização de cálculos.
Domine as técnicas operatórias da adição, multiplicação e subtração com números naturais menores que 1.000.[28]

A *Proposta curricular...* também fazia as seguintes observações:

Muito mais que a simples associação de um símbolo à quantidade, deseja-se que a criança perceba que cada número natural designa uma coleção de coleções com uma mesma quantidade de elementos.

---
[27] Ibidem, p. 17.
[28] Ibidem, p. 30-34.

Convém lembrar que a formação da ideia de número é um processo complexo que se dá, por abstração, a partir de ações que envolvem classificações, comparações, relações de inclusão, entre outras. O desenvolvimento dessa ideia se dá ao longo dos 8 anos do 1º grau: desde os processos de contagem direta, que abrangem os números naturais, até os processos de medidas, que conduzem aos números irracionais.

Relativamente à exploração da contagem de rotina e à comparação de quantidades, o documento apontava:

Explorar a contagem de rotina (que a maioria das crianças já domina, ao ingressar no Ciclo Básico), através de cantigas de roda, jogos, dramatizações etc. Com essas atividades pretende-se avaliar o conhecimento, que a criança já possui, do número natural, bem como o nível desse conhecimento. É importante partir de onde o aluno já se encontra.[29]

Ressaltava-se ainda que as experiências que a criança desenvolve para formar o conceito de número, bem como para operar os números, têm como suporte relações que se estabelecem entre os elementos de duas coleções: seja comparando intuitivamente duas ou mais quantidades, pela correspondência termo a termo, seja percebendo a inclusão de um conjunto em outro, seja ainda ordenando ou classificando objetos, a partir de critérios que lhe pareçam válidos.

Através de pesquisas pedagógicas, constatou-se que crianças de 7 anos procedem de diferentes

---

[29] Ibidem, p. 30.

maneiras, quando comparam as quantidades de elementos de duas coleções. Tais procedimentos estão relacionados com a ordem de grandeza dos elementos das mesmas; assim, se as coleções possuem até 6 objetos cada uma, a comparação é feita por percepção global.
No caso em que as duas coleções tenham quantidades de objetos mais ou menos entre 7 e 15, o procedimento que a criança acaba descobrindo é a formação de pares, onde cada par é constituído por um elemento de cada coleção. Quando se trata de coleções em quantidades de elementos maiores que 15, a formação de pares se torna difícil (principalmente se se tratar de representação gráfica) e, nesse caso, a tendência é comparar grupos de elementos de cada coleção.[30]

O documento chamava a atenção para a introdução dos símbolos numéricos de 1 a 9 e, também, para a construção da sequência numérica, pelo acréscimo sucessivo de um elemento:

Trabalhando a ideia de simbolização, as crianças são levadas a representar simbolicamente diferentes quantidades, por meio de tracinhos, quadrículas etc., até chegar ao símbolo numérico.
A introdução desses símbolos numéricos deve ser feita a partir de situações que sejam significativas para a criança: registro de resultados de um jogo, da sua idade, do total de crianças de seu grupo, etc. Um jogo interessante é o dominó de símbolos e quantidades, onde cada símbolo deverá ser justaposto à quantidade correspondente.[31]

---
[30] Ibidem, p. 31.
[31] Ibidem, p. 31.

Entre as várias sugestões para o trabalho, aparecem propostas de atividades para a representação dos números naturais na reta numérica:

Através de situações de jogos, em que cada criança deva ocupar uma "casa", em uma fileira de quadros desenhados no chão, os alunos poderão descobrir a necessidade de: começar a numerar as casas a partir de uma origem; colocar as casas em distâncias iguais, uma das outras.

Com relação ao sistema de numeração decimal, o documento destaca as atividades de agrupamentos e trocas, de forma bastante detalhada:

Ao propiciar experiências com agrupamentos e trocas em bases variadas, estaremos levando os alunos a compreender o processo de agrupamentos e trocas na base 10, que caracteriza o sistema posicional de numeração decimal. As atividades desenvolvidas deverão permitir que as crianças entendam que é possível designar o número de objetos de uma coleção finita, fazendo agrupamentos e nomeando-os, ou realizando trocas, com valores preestabelecidos. Por exemplo:
Dados 23 palitos, as crianças poderão agrupá-los de 5 em 5 e dizer:
"Temos 4 grupos de 5 palitos soltos".
Ou:
Convencionando-se que cada 5 palitos podem ser trocados por uma tampinha, após feitas as trocas, com 23 palitos dados, os alunos concluirão:
"Temos 4 tampinhas e 3 palitos".
É importante que também sejam realizadas experiências envolvendo a operação inversa, isto é: dado o resultado de um agrupamento numa certa base, obter a coleção inicial que lhe deu origem.

Por exemplo:
São apresentados aos alunos: 3 tampinhas e 2 palitos, com a informação de que foram realizadas trocas na base 4 (isto é, cada tampinha vale 4 palitos).[32]

Sobre a construção dos fatos básicos e das técnicas operatórias, o documento traz também orientações, como as que podemos observar na figura 13.

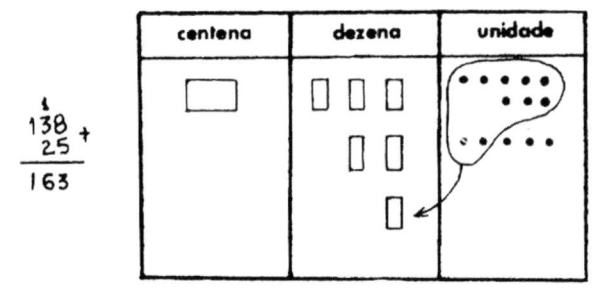

Figura 13. Quadro indicando o processo de agrupamento e troca da adição.

A busca de parâmetros comuns na década de 1990

Na década de 1990, em função da aprovação da Lei de Diretrizes e Bases da Educação Nacional (LDB 9394/96), uma ampla discussão curricular teve lugar no sistema educacional brasileiro. Como consequência, houve a publicação de diretrizes gerais, para a composição dos currículos escolares, e específicas, com a elaboração dos Parâmetros Curriculares Nacionais (PCNs), editados pelo Ministério da Educação.

Para os anos iniciais do Ensino Fundamental, foram discutidas novas perspectivas para o ensino de

---
[32] Ibidem, p. 31-32.

matemática, apoiadas no que já se tinha avançado em termos de pesquisa sobre a aprendizagem das crianças. Em particular, as ideias sobre a aprendizagem dos números e do sistema de numeração.

Selecionamos alguns trechos das orientações didáticas contidas nesse documento, com a finalidade de mostrar as concepções ali presentes. Uma das observações refere-se à atenção a ser dada aos conhecimentos prévios das crianças no início da escolaridade:

> *A criança vem para a escola com um razoável conhecimento não apenas dos números de 1 a 9, como também de números como 12, 13, 15, que já lhe são bastante familiares, e de outros números que aparecem com frequência no seu dia a dia — como os números que indicam os dias do mês, que vão até 30/31.*[33]

O documento apresentava um rol de sugestões no sentido de que as atividades em sala de aula deveriam estar relacionadas ao uso que as crianças já fazem dos números. Desse modo, as atividades de leitura, escrita, comparação e ordenação de notações numéricas deveriam tomar como ponto de partida os números que a criança conhece.

> *Esse trabalho pode ser feito por meio de atividades em que, por exemplo, o professor: elabora, junto com os alunos, um repertório de situações em que usam números; pede aos alunos que recortem números em jornais e revistas e façam a leitura deles (do jeito que sabem); elabora, com a classe, listas com números de linhas de ônibus da cidade, números de telefones úteis, números de placas de carros, e solicita a leitura deles; orienta os alunos para que*

---
[33] BRASIL, 1997, p. 65.

elaborem fichas onde cada um vai anotar os números referentes a si próprio, tais como: idade, data de nascimento, número do calçado, peso, altura, número de irmãos, número de amigos etc.; trabalha diariamente com o calendário para identificar o dia do mês e registrar a data; solicita aos alunos que façam aparecer, no visor de uma calculadora, números escritos no quadro ou indicados oralmente; pede aos alunos que observem a numeração da rua onde moram, onde começa e onde termina, e registrem o número de suas casas e de seus vizinhos; verifica como os alunos fazem contagens e como fazem a leitura de números com dois ou mais dígitos e que hipóteses possuem acerca das escritas desses números.

O texto alertava para a inadequação de apresentar-se prematuramente às crianças uma análise formal da constituição da escrita numérica e de denominações como unidades, dezenas e centenas:

Na prática escolar, no entanto, o mais comum é tentar explicitar, logo de início, as ordens que compõem uma escrita numérica — unidade, dezena etc. — para que o aluno faça a leitura e a escrita dos números com compreensão. Embora isso possa parecer simples e natural do ponto de vista do adulto, que já conhece as regras de formação do sistema de numeração, o que se observa é que os alunos apresentam dificuldades nesse trabalho, deixando o professor sem compreender por que isso acontece.[34]

---

[34] Ibidem, p. 66.

O documento dos PCNs salientava que, no entanto,

mesmo sem conhecer as regras do sistema de numeração decimal, as crianças são capazes de indicar qual é o maior número de uma listagem, em função da quantidade de algarismos presentes em sua escrita (justificam que 156 é maior que 76 porque tem mais "números"); também são capazes de escrever e interpretar números compostos por dois ou três algarismos. Para produzir escritas numéricas, alguns alunos recorrem à justaposição de escritas que já conhecem, organizando-as de acordo com a fala. Assim, por exemplo, para representar o 128, podem escrever 100 20 8 (cem/vinte/oito) ou 100 20 e 8 (cem/vinte e oito). É importante que o professor dê a seus alunos a oportunidade de expor suas hipóteses sobre os números e as escritas numéricas, pois essas hipóteses constituem subsídios para a organização de atividades.[35]

O texto apontava ainda a perspectiva de se trabalhar com os números em situações-problema, explicitando suas diferentes funções.

Entre as situações que favorecem a apropriação da ideia de número pelos alunos, algumas se destacam. Uma delas consiste em levá-los à necessidade de comparar duas coleções do ponto de vista da quantidade, seja organizando uma coleção que tenha tantos objetos quanto outra, seja organizando uma coleção que tenha mais (o dobro, o triplo etc.) que outra, seja completando uma coleção para que ela tenha a mesma quantidade de objetos de uma outra.

Outra situação é aquela em que os alunos precisam situar algo numa listagem ordenada, seja para se lembrarem da posição de um dado objeto numa

---
[35] Ibidem, p. 65.

linha, ou de um jogador num jogo em que se contem pontos, seja para ordenarem uma sequência de fatos, do primeiro ao último. Nessas situações, utilizarão diferentes estratégias como a contagem, o pareamento, a estimativa, o arredondamento e, dependendo da quantidade, até a correspondência de agrupamentos.

Os procedimentos elementares de cálculo, por sua vez, também contribuem para o desenvolvimento da concepção do número. Isso ocorre, por exemplo, quando os estudantes precisam identificar deslocamentos (avanços e recuos) numa pista graduada; ou então quando necessitam indicar a quantidade de elementos de coleções que juntam, separam, repartem.

Em relação às operações, os PCNs de matemática apresentam orientações didáticas apoiadas nos trabalhos de pesquisa sobre os campos conceituais, destacando os diversos significados a serem trabalhados nos campos aditivo e multiplicativo. Destacam que a justificativa para o trabalho conjunto dos problemas aditivos e subtrativos baseia-se no fato de que eles compõem uma mesma família, ou seja, há estreitas conexões entre situações aditivas e subtrativas.

O documento enfatiza que os problemas não se classificam em função unicamente das operações a eles relacionadas *a priori*, e sim em função dos procedimentos utilizados por quem os soluciona. Outro aspecto importante é o de que a dificuldade de um problema não está diretamente relacionada à operação requisitada para a sua solução. É comum considerar-se que problemas aditivos são mais simples para o aluno do que aqueles que envolvem subtração, o que nem sempre acontece.

Sobre o cálculo, os PCNs ressaltam que uma boa habilidade em cálculo depende de consistentes pontos de apoio, em que se destacam os domínios da contagem e das combinações aritméticas, conhecidas por denominações diversas como tabuadas, listas de fatos fundamentais, leis, repertório básico etc. Evidentemente, a aprendizagem de um repertório básico de cálculos não se dá pela simples memorização de fatos de uma dada operação, mas sim pela realização de um trabalho que envolve a construção, a organização e, como consequência, a memorização compreensiva desses fatos.

A construção apoia-se na resolução de problemas e confere significados a escritas do tipo $a + b = c$ e $a \times b = c$. Já a organização dessas escritas e a observação de regularidades facilita a memorização compreensiva. Ao construírem e organizarem um repertório básico, os alunos começam a perceber, intuitivamente, algumas propriedades das operações, tais como a associatividade e a comutatividade na adição e na multiplicação. A comutatividade na adição é geralmente identificada antes de qualquer apresentação pelo professor. Isso pode ser notado em situações em que, ao adicionarem $4 + 7$, invertem os termos para começar a contagem pelo maior número.

Nesse período tiveram influência estudos como *A criança e o número: da contagem à resolução de problemas*, escrito por Michel Fayol[36], e *O sistema de numeração: um problema didático*, de Delia Lerner e Patricia Sadovsky[37].

---
[36] FAYOL, 1996.
[37] LERNER e SADOVSKY, 1996.

Capítulo 3

Conceitos e procedimentos matemáticos que envolvem números e operações

Nos capítulos precedentes, fizemos uma retrospectiva da história de construção de conceitos e procedimentos ligados aos números e às operações. Retomamos, ainda, alguns debates ligados ao ensino e à aprendizagem desse tema. Neste capítulo, vamos apresentar informações importantes para quem ensina. Segundo o pesquisador Lee S. Shulman[38], cada área do conhecimento tem uma especificidade própria, que justifica a necessidade de analisar o conhecimento do professor sobre a disciplina que ensina. Ele identifica aí três vertentes:

- o conhecimento do conteúdo da disciplina;
- o conhecimento didático do conteúdo da disciplina;
- o conhecimento do currículo.

O conhecimento do conteúdo da disciplina a ser ensinada envolve a compreensão e a organização da disciplina. Shulman destaca que o professor deve compreender a disciplina que vai ensinar a partir de diferentes perspectivas e estabelecer relações entre vários tópicos do conteúdo disciplinar e entre sua disciplina e outras áreas do conhecimento.

Levando em conta essas observações, vamos inicialmente analisar o surgimento de uma abordagem mais formal sobre os números naturais, que se deve ao matemático italiano Giuseppe Peano (1858-1932). Os axiomas de Peano, também conhecidos como axiomas de Dedekind-Peano ou postulados de

---

[38] SHULMAN, 1986.

Peano, são um conjunto de axiomas para os números naturais.

A necessidade do formalismo na aritmética não era valorizada até o trabalho do linguista e matemático alemão Hermann Grassmann (1809-1877), que mostrou, na década de 1860, que muitos fatos da aritmética poderiam ser derivados de fatos mais básicos sobre operação de sucessor e indução. Em 1881, o norte-americano Charles Sanders Peirce (1839-1914) apresentou uma forma de axiomatização da aritmética de números naturais. Em 1888, o alemão Richard Dedekind (1831-1916) propôs uma coleção de axiomas sobre os números, e no ano seguinte Peano publicou uma versão mais precisamente formulada das anteriores, no seu livro *Os princípios da aritmética apresentados por um novo método*.

Na sequência, apresentamos algumas informações sobre as propriedades das operações e sobre técnicas operatórias.

Números naturais

Os axiomas de Peano definem as propriedades aritméticas de números naturais, geralmente representadas como o conjunto N.

1. Zero é um número natural.
2. Se n é um número natural, então o sucessor de n também é um número natural.
3. Zero não é sucessor de nenhum número natural.
4. Se existem dois números naturais n e m com o mesmo sucessor, então n e m são o mesmo número natural.
5. Se zero pertence a um conjunto e, dado um número natural qualquer, o sucessor desse número

também pertence a esse conjunto, então todos os números naturais pertencem a esse conjunto.

É importante ressaltar que as formulações originais dos axiomas de Peano utilizavam o 1 como "primeiro" número natural, em vez do 0 (zero). A escolha é arbitrária, uma vez que o primeiro axioma não concede à constante 0 (zero) nenhuma propriedade adicional. No entanto, como zero é o elemento neutro, a maioria das interpretações modernas dos axiomas de Peano se inicia com o zero.

Todo número natural dado tem um sucessor (número que vem depois do número dado), considerando também o zero.

Considerando esses axiomas podemos fazer afirmações como por exemplo:

- Se m é um número natural, o sucessor de m é $m+1$.
- O sucessor de 0 é 1.
- O sucessor de 1 é 2.
- 1 e 2 são números consecutivos.
- Se o número natural m é diferente de zero, o antecessor de m é $m - 1$.

Sistema de numeração decimal

Um sistema de numeração é um conjunto de princípios que constitui o artifício lógico de classificação em grupos e subgrupos das unidades que formam os números.

A base de um sistema de numeração é uma certa quantidade de unidades que devem constituir uma unidade de ordem imediatamente superior.

Os sistemas de numeração têm seu nome derivado da sua base, ou seja, o sistema binário tem base 2, o sistema septimal tem base 7 e o sistema decimal tem base 10.

O princípio fundamental do sistema decimal é que dez unidades de uma ordem qualquer formam uma unidade de ordem imediatamente superior. Depois das ordens, as unidades constitutivas dos números são agrupadas em classes, em que cada classe tem três ordens. Cada ordem tem uma denominação especial, idêntica à denominação das mesmas ordens em outras classes.

A primeira classe, das unidades, tem as ordens das centenas, dezenas e unidades. A primeira ordem da primeira classe, ou seja, a ordem das unidades, corresponde aos números 1, 2, 3, 4, 5, 6, 7, 8 e 9. A segunda ordem da primeira classe, a ordem das dezenas, corresponde aos números 10 (uma dezena), 20 (duas dezenas), 30 (três dezenas), 40 (quatro dezenas), 50 (cinco dezenas), 60 (seis dezenas), 70 (sete dezenas), 80 (oito dezenas) e 90 (nove dezenas), sendo cada um desses números dez vezes o número correspondente na ordem anterior. A terceira ordem da primeira classe, a ordem das centenas, corresponde aos números que vão de uma centena a nove centenas, ou seja, 100, 200, 300, 400, 500, 600, 700, 800 e 900. Analogamente, cada um desses números corresponde a dez vezes o número correspondente na ordem anterior.

A segunda classe, a classe dos milhares, inclui a quarta, a quinta e a sexta ordens, que são, respectivamente, a ordem das unidades de milhar, a das dezenas de milhar e a das centenas de milhar. Seus nomes são os nomes dos números da primeira classe, seguidos de milhares. Ou seja, a quarta ordem (unidades de milhar) corresponde a 1.000 (ou um milhar), 2.000 etc. até 9.000; a quinta ordem (dezenas de milhar) vai de 10.000 a 90.000; e a sexta ordem (centenas de milhar) vai de 100.000 a 900.000.

A terceira classe corresponde à classe dos milhões. A partir daí, existem as classes dos bilhões (quarta classe), dos trilhões (quinta classe), dos quatrilhões (sexta classe) etc. E assim por diante. Podemos pensar em infinitas ordens e classes.

Classes	3ª classe			2ª classe			1ª classe		
	Milhões			Milhares			Unidades		
Ordens	9ª	8ª	7ª	6ª	5ª	4ª	3ª	2ª	1ª
... ...	C	D	U	C	D	U	C	D	U

Para fazer a leitura de um número com muitos algarismos, agrupamos esses algarismos de 3 em 3, a partir da direita, e podemos identificar facilmente as classes e ordens que o compõem. Vejamos um exemplo:

234.907.300: lemos duzentos e trinta e quatro milhões, novecentos e sete mil e trezentos.

Também são usadas com frequência, especialmente pelos veículos de comunicação, escritas abreviadas para indicar grandes números, tais como 1,5 bi (um bilhão e quinhentos milhões) ou 2,345 milhões (dois milhões, trezentos e quarenta e cinco mil).

Operações com números naturais

A adição de números naturais é uma operação matemática que associa a dois números naturais dados (comumente chamados parcelas) um número natural que é a sua soma.

Sempre é possível achar um número natural que é a soma de outros dois números naturais, motivo pelo qual, em matemática, se diz que a adição tem a propriedade do **fechamento**. Além dessa, a adição é uma operação que goza de outras propriedades:

Ela é **associativa:** dados três números naturais quaisquer, a, b e c,

$(a + b) + c = a + (b + c)$.

Ela é **comutativa:** dados dois números naturais quaisquer, a e b,
$a + b = b + a$.

Ela tem o zero como **elemento neutro**; dado um número natural a,
$a + 0 = 0 + a = a$

Os algoritmos da adição que utilizamos baseiam-se na decomposição das escritas numéricas e no valor posicional dos algarismos que compõem as parcelas. Por exemplo, para a soma 347 + 156 fazemos:

									1	1	
	3	0	0	+	4	0	+	7		3	4	7
+	1	0	0	+	5	0	+	6	+	1	5	6
	4	0	0	+	9	0	+	13		5	0	3
	4	0	0	+	1	0	3				
			5	0	3						

Já a subtração, embora seja comumente denominada como operação, não pode ser formalmente assim considerada, porque nem sempre é possível achar um número natural que seja a diferença (resto ou excesso) de outros dois números naturais. Ou seja, a subtração não tem a propriedade do **fechamento**, no conjunto dos números naturais.

Ela também não goza das outras propriedades que destacamos para a adição:

Não é **associativa**, pois $(7 - 6) - 5 \neq 7 - (6 - 5)$.

Não é **comutativa**, pois $6 - 5 \neq 5 - 6$.

Não tem o zero como **elemento neutro**, pois $6 - 0 \neq 0 - 6 \neq 6$.

A subtração com números naturais, porém, resolve situações-problema particulares com números naturais (que são denominados minuendo e subtraendo), em que é preciso e possível determinar o resto, o excesso ou a diferença entre eles.

Os algoritmos da subtração que utilizamos também se baseiam na decomposição das escritas numéricas e no valor posicional dos algarismos que compõem seus termos. Por exemplo, para calcular 347 - 156 reescrevemos o 347 como 200 + 140 + 7, para possibilitar as subtrações, ordem a ordem:

	2	0	0	+	14	0	+	7		2		
	3	0	0	+	4	0	+	7		3	14	7
-	1	0	0	+	5	0	+	6	-	1	5	6
	1	0	0	+	9	0	+	1		1	9	1
					1	9	1					

A multiplicação de números naturais é uma operação matemática que associa a dois números naturais dados (comumente chamados fatores) um número natural que é o seu produto.

Sempre é possível achar um número natural que é o produto de outros dois números naturais, ou seja, a multiplicação tem a propriedade do **fechamento**. A multiplicação é uma operação que goza de outras propriedades, a saber:

Ela é **associativa:** dados três números naturais quaisquer, a, b e c,

$(a \times b) \times c = a \times (b \times c)$.

Ela é **comutativa:** dados dois números naturais quaisquer, a e b,

$a \times b = b \times a$.

Ela tem o número 1 como **elemento neutro**; dado um número natural a,

$a \times 1 = 1 \times a = a$

Outra propriedade muito importante que relaciona a adição e a multiplicação é denominada **propriedade distributiva da multiplicação em**

relação à adição: dados três números naturais quaisquer, a, b e c,

$(a + b) \times c = a \times c + b \times c$.

Os algoritmos da multiplicação que utilizamos baseiam-se nessa propriedade. Por exemplo, para multiplicar 12 por 13 fazemos:

12 × 13 = (10 + 2) × (10 + 3) = 10 × 10 + 10 × 3 + 10 × 2 + 2 × 3

				1	0	+	2				1	2
			×	1	0	+	3			×	1	3
				3	0	+	6				3	6
1	0	0	+	2	0				+	1	2	0
1	0	0	+	5	0	+	6			1	5	6
				1	5	6						

Esse cálculo pode ser visualizado pela seguinte ilustração:

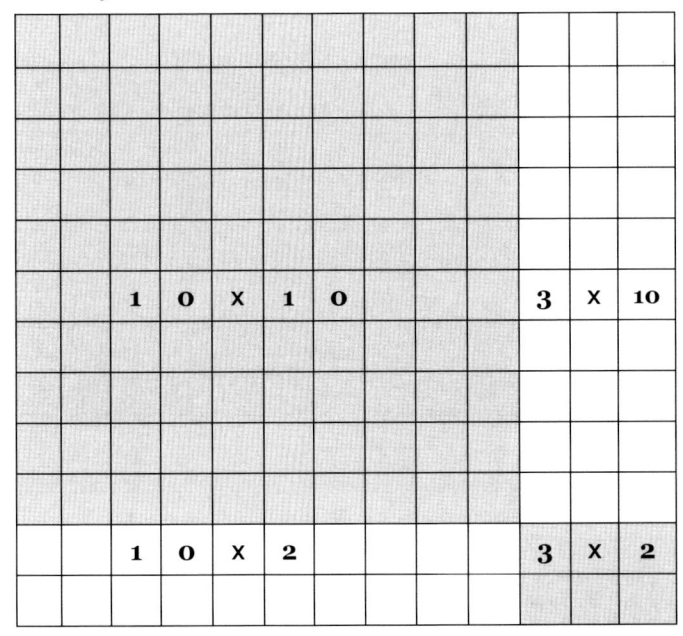

Da mesma forma que a subtração, a divisão também não pode ser formalmente considerada uma

operação (embora seja comumente denominada assim), pelo fato de que nem sempre é possível achar um número natural que seja o quociente de outros dois números naturais, ou seja, a divisão não tem a propriedade do **fechamento**, no conjunto dos números naturais.

Ela também não goza das outras propriedades que destacamos para a adição:

Não é **associativa**, pois (12 : 3) : 4 ≠ 12 : (3 : 4).

Não é **comutativa**, pois 6 : 2 ≠ 2 : 6.

Não tem o número 1 como **elemento neutro**, pois 6 : 1 ≠ 1 : 6 ≠ 6.

Mas a divisão com números naturais resolve situações-problema particulares, que envolvem números naturais (denominados dividendo e divisor), em que é preciso e possível determinar o quociente e o resto.

Entre os algoritmos para realizar uma divisão destacamos três: o método americano e os chamados "método longo" e "método curto".

		Método americano						Método longo			
1	5	0	3	1	2		1	5	0	3	1	2	
1	2	0	0	1	0	0	-	1	2	0	0	1	2	5
	3	0	3		2	0			3	0	3			
-	2	4	0		+	5		-	2	4	0			
		6	3	1	2	5				6	3			
	-	6	0						-	6	0			
			3								3			

				Método curto					
			1	5	0	3	1	2	
				3	0		1	2	5
					6	3			
						3			

Capítulo 4

Pesquisas de referência para o ensino e a aprendizagem de números e operações

Neste capítulo, dedicado aos conhecimentos didáticos sobre os conteúdos, apresentamos uma síntese dos trabalhos de alguns pesquisadores acerca da construção dos números naturais e das operações pelas crianças.

Inicialmente, as investigações sobre a construção dos números naturais foram impulsionadas pela teoria de Jean Piaget e sua colaboradora Constance Kamii. Ao longo da década de 1990, as pesquisas sobre a construção do conceito de número receberam novos olhares e novas contribuições. Uma delas é a de Michel Fayol. Outra importante contribuição é a das pesquisadoras argentinas Delia Lerner e Patricia Sadovsky.

No que se refere à resolução de problemas que envolvem as operações com números naturais, destacaremos as pesquisas de Gerard Vergnaud e, também, alguns estudos sobre o cálculo organizados por Cecília Parra e Irma Saiz.

É interessante observar o encadeamento dessas pesquisas e, ainda, como elas evoluem produzindo conhecimentos novos, o que demonstra a necessidade e a importância de os professores constantemente se atualizarem e se apropriarem das informações disponíveis.

Contribuições de Jean Piaget

O psicólogo suíço Jean Piaget ganhou renome mundial com seus estudos sobre os processos de construção do conhecimento pelas crianças. Ele e seus colaboradores publicaram mais de trinta livros sobre o tema. O pesquisador se debruçou sobre a evolução do pensamento infantil até a adolescência, procurando compreender os mecanismos mentais que a criança utiliza para captar o mundo.

Até o início do século XX acreditava-se que as crianças pensavam como os adultos. Piaget construiu um modelo explicativo para os processos de conhecimento. Ele partiu da biologia, passou pela psicologia e chegou à epistemologia na sua busca pela compreensão dos processos de criação do conhecimento humano. Concluiu que os processos biológicos básicos eram encontrados, também, nos processos cognitivos, já que estes seriam um prolongamento daqueles.

Piaget, observando seus filhos, concluiu que as crianças não pensavam como os adultos. A teoria de Piaget do desenvolvimento cognitivo é uma teoria de etapas, que pressupõe que os seres humanos passam por diversas mudanças ordenadas e previsíveis.

Na visão de Piaget, a criança é vista como um ser que a todo momento interage com a realidade, operando ativamente com objetos e pessoas. A interação com o ambiente a leva a construir estruturas mentais e maneiras de fazê-las funcionar.

Piaget classifica o conhecimento em três tipos: o conhecimento físico, o conhecimento lógico-matemático e o conhecimento social.

O conhecimento físico consiste na exploração dos objetos pelo sujeito. Para construir esse conhecimento é necessária a existência de uma estrutura lógico-matemática, de modo a criar novas relações com o conhecimento que já existe. A cor e o peso dos objetos são exemplos de propriedades físicas. São os atributos ou qualidades observáveis.

O conhecimento lógico-matemático consiste nas relações que o sujeito estabelece com os objetos. Elas não têm existência na realidade externa – estão na mente do sujeito – e envolvem conceitos diferentes; por exemplo, as relações "igual", "diferente", "maior", "menor" etc.

O conhecimento social é obtido a partir das ações e interações com as pessoas. Ele é proveniente do consenso social externo ao sujeito e pode ser ensinado a partir de informações do mundo exterior; por exemplo, o nome dos números, o nome dos objetos, as regras sociais, entre outros. A origem fundamental do conhecimento social são as convenções estabelecidas pelas pessoas.

Piaget é contrário à afirmação de que o conceito de número é transmitido para a criança como o conhecimento social. Para ele a base fundamental do conhecimento lógico-matemático é a própria criança. A criança desenvolve uma estrutura lógico-matemática para assimilar e organizar o conhecimento.

O fato de a criança dominar a sequência de palavras "um, dois, três" não implica que ela saiba relacionar a palavra com a quantidade. Por exemplo: o professor pode "treinar" a criança para contar de 1 a 9; porém, este fato não garante que ela saiba relacionar o número 8 com um conjunto que contenha oito objetos.

Quando o professor solicita à criança que quantifique objetos, deve se preocupar com o pensamento dela – sugerindo, por exemplo, que pegue um livro para cada colega da classe. Dessa forma, ele poderá observar se ela pega a quantidade necessária.

Na visão piagetiana, os estágios do desenvolvimento caracterizam as diferentes maneiras que o indivíduo tem de interagir com a realidade – ou seja, de organizar seus conhecimentos visando à sua adaptação, que se constitui na modificação progressiva dos esquemas de assimilação. Os estágios evoluem como uma espiral: cada estágio inclui o anterior, tornando-o mais amplo.

Piaget não define uma ordem cronológica rígida para os estágios, mas os apresenta em uma sequência constante. Ele identificou quatro estágios no desenvolvimento lógico:

- Estágio sensório-motor (mais ou menos de 0 a 2 anos): a atividade intelectual da criança é de natureza sensorial e motora.

- Estágio pré-operatório (mais ou menos de 2 a 7 anos): a criança desenvolve a capacidade simbólica, começa a curiosidade; é quando surgem as perguntas "por quê?", "como?", "o que é isto?"; também é quando aparece o pensamento intuitivo.

- Estágio das operações concretas (mais ou menos dos 7 aos 11 anos): a criança ainda está totalmente ligada a objetos reais, concretos, mas já é capaz de passar da ação à operação, que é uma ação interiorizada.

- Estágio das operações formais (mais ou menos dos 11 anos em diante): ocorre o desenvolvimento das operações de raciocínio lógico. A criança é capaz de pensar usando abstrações.

Cada estágio serve de base para o estágio seguinte. Os estágios do desenvolvimento vão se configurando na medida em que os esquemas de assimilação vão se modificando. São como uma estrutura mental ou cognitiva na qual a criança está constantemente se adaptando e organizando o meio. O esquema contém uma sequência de conhecimentos estruturada para uma finalidade.

Piaget observou que as crianças constroem esquemas semelhantes em situações semelhantes. Por isso, concluiu que os esquemas estão ligados a estruturas inatas. Os esquemas mudam com a maturidade: ficam mais refinados e contêm mais abstração.

O número, de acordo com Piaget, é uma síntese de dois tipos de relações que a criança elabora entre os objetos (por abstração reflexiva): a ordem e a inclusão hierárquica.

Para quantificar um grupo de objetos é necessário que criemos uma ordem mental para efetuar a contagem, de modo que um mesmo objeto não seja contado mais de uma vez. Imagine uma sala de aula. Para determinar a quantidade de carteiras dessa sala, é necessário que se estabeleça uma ordem. Se começarmos a contar as carteiras aleatoriamente, contaremos mais de uma vez a mesma carteira, já que não teremos seguido uma ordem preestabelecida.

Isso ocorre com a criança que não tem a ideia de ordem ainda formada. Quando pedimos que conte, por exemplo, um conjunto com 6 moedas sobre uma mesa, é muito comum que ela conte e reconte a mesma moeda até chegar a um número que faz parte do seu repertório.

Ordenar não é a única ação mental sobre os objetos. É necessário contá-los em ordem para se ter certeza de que nenhum vai ser pulado. Porém, a inclusão hierárquica classifica os objetos em 1º, 2º, 3º, 4º etc., na ordem. É comum, ao perguntarmos para a criança, depois de contar oito moedas arrumadas numa relação ordenada, quantas moedas temos, ela afirmar que são oito. Se pedirmos que mostre o "8", ela muitas vezes aponta para o oitavo objeto. Isso indica que, para a criança, as palavras "um", "dois", "três" etc. são os nomes de cada elemento. Ela não colocou as moedas numa relação de inclusão hierárquica; vê o número 8 como sendo o último elemento, e não o 8 no todo, ou seja, o total de objetos.

A criança só pode quantificar o conjunto numericamente se ela puder colocar os itens numa única relação, sintetizando ordem e inclusão hierárquica. O trabalho de inclusão de classe visa a determinar a capacidade da criança de coordenar os aspectos qualitativos e quantitativos de uma classe e uma subclasse. O exemplo clássico:

Mostram-se para uma criança 5 cachorros e 2 gatos. Pergunta-se o que há mais: cachorros ou gatos? Depois, pergunta-se o que há mais: cachorros ou animais? Uma criança no estágio operatório concreto responderá que há mais animais, enquanto uma criança que ainda não está nesse estágio provavelmente responderá "cachorros". Crianças menores só conseguem pensar sobre as partes (cachorros e gatos) e não sobre o todo (animais).

Ela não compara classes de hierarquias diferentes. Há crianças que demoram a fazer essa inclusão de classes, o que apenas significa que cada um tem caminhos e ritmos próprios. A inclusão de classes é necessária à construção da noção de quantidade.

De acordo com Piaget, dos 7 aos 8 anos o pensamento das crianças tem mobilidade suficiente para ser reversível. Reversibilidade refere-se à capacidade de executar a mesma ação nos dois sentidos do percurso: cortar o todo em duas partes e reunir as partes num todo. A reversibilidade é a habilidade de operar mentalmente ações opostas ao mesmo tempo.

Piaget fez, também, uma distinção entre símbolos e signos no aprendizado dos números.

> *[...] símbolos são sinais que sugerem fortemente o significado. Por exemplo: IIIII significando cinco. Ele contém a própria quantidade cinco. Ele representa a sua classe de conjuntos de cinco elementos porque ele mesmo é um elemento da classe. Os símbolos podem ser criados pelas crianças, e dão alguma informação sobre o tipo de esquema de ação que estão representando. Os*

signos são convencionais como o cinco, 5, five, V, etc. Os signos são conhecimentos sociais e exigem um trabalho especial de construção.[39]

A criança utiliza símbolos, como figuras, risquinhos e os dedos, como instrumento de contagem. Para Piaget, as características dos símbolos dão suporte a uma semelhança figurativa com a ideia que está sendo representada. Não requerem nenhuma informação de outras pessoas. As crianças, quando constroem a ideia de "oito" ou "nove" por abstração reflexiva, criam seus próprios símbolos para representar esse conhecimento lógico-matemático. Por exemplo: "ooooooo" ou "/////////".

O psicólogo via o número como uma estrutura mental que cada criança constrói a partir de uma capacidade natural de pensar, e não algo aprendido do meio ambiente. O número é construído pela repetida adição de "1"; assim, podemos dizer que a adição já está incluída em sua construção.

Segundo Piaget, o conceito de número é construído individualmente a partir das relações que a criança estabelece entre os objetos, na sua leitura de mundo. Nesse caminho, quanto mais diversificadas as experiências, melhores são as possibilidades de ampliação das estruturas responsáveis pelo desenvolvimento cognitivo.

Contribuições de Constance Kamii

Constance Kamii é natural de Genebra, na Suíça, com bacharelado em sociologia, mestrado em educação e doutorado em educação e psicologia. Aluna e colaboradora de Jean Piaget, fez diversos cursos de pós--doutoramento nas universidades de Genebra e de

---
[39] ROSA NETO, 2002, p. 33.

Michigan ligados à epistemologia genética e a outras áreas educacionais relacionadas às teorias de Piaget e de outros pesquisadores.

Kamii trata das questões da natureza do número, objetivos para "ensinar" número, princípios de ensino e situações na escola que podem ser usadas pelos professores para "ensinar" o número. Enfatiza, ainda, a importância do conceito de quantidade e suas múltiplas aplicações na vida da criança.

Para a pesquisadora, o jogo é uma ferramenta particularmente poderosa para o exercício da vida social e da atividade construtiva da criança. Ela aponta o jogo em grupo como fator de importância para o desenvolvimento da capacidade cognitiva e interpessoal da criança, sendo mais eficiente e prazeroso do que folhas de exercícios e atividades similares.

Kamii trata de assuntos ligados à natureza do número e à aplicação desses conhecimentos à prática pedagógica de professores de crianças de 4 a 7 anos.[40] A autora apresenta questões fundamentais sobre a aquisição do conceito de quantidade e suas múltiplas utilizações na vida das crianças, com todas as consequências pedagógicas. Kamii destaca dois aspectos:

1. O respeito pela criança, o conhecimento sobre o desenvolvimento de sua inteligência e de suas relações com o meio, e a importância dada ao trabalho dos professores.

2. A finalidade dos processos educacionais utilizados pelas escolas.

Nos dois aspectos, observa-se a busca de soluções para uma educação de maior qualidade.

---
[40] KAMII, 2001.

A relação estabelecida entre os objetos depende de cada indivíduo. Se a pessoa pretende comparar o peso das duas peças, provavelmente dirá que elas têm o mesmo peso (mais precisamente, que elas têm a mesma massa). Se, no entanto, a pessoa pretende pensar em termos numéricos, dirá que existem duas peças (no conjunto observado). As duas peças são observáveis, ou seja, a propriedade de serem duas é observável, enquanto o número "2" não é observável. Piaget afirma que o número é uma relação criada mentalmente por cada indivíduo. Kamii afirma que

> *a opinião de Piaget sobre a natureza lógico-matemática do número é completamente oposta à dos educadores de matemática encontrada na maioria dos livros. Um livro padrão (Duncam, Capps, Dolciani, Quast e Zweng, 1972) afirma que número é "uma propriedade dos conjuntos, da mesma maneira que ideias como cor, tamanho e forma se referem às propriedades dos objetos".*[41]

Ao apresentar à criança conjuntos de 4 lápis, 4 flores, 4 balões e 5 lápis, e pedir-lhes que encontrem os conjuntos que tenham a mesma propriedade do número, supõe-se que a criança aprenderá conceitos sobre o número ao abstrair a "propriedade de número" a partir de vários conjuntos, do mesmo modo que ela abstrai a cor e outras propriedades físicas dos objetos.

A construção do número acontece gradualmente, por "partes", em vez de "tudo de uma vez". Por conclusão, a estrutura lógico-matemática do número não pode ser ensinada diretamente, uma vez que a criança tem que construí-la por si mesma.

---
[41] KAMII e DECLARK, 1994, p. 30.

Kamii sugere ainda que "as crianças quantifiquem objetos na escola, o que se baseia na hipótese de que o pensamento envolvido na tentativa da criança de quantificar objetos deve ajudá-la a construir o número, se ela já estiver num estágio relativamente elevado para fazê-lo. A inteligência desenvolve-se pelo uso"[42].

Quando a criança quantifica os objetos, o professor deve lembrar que o objetivo não deve ser observar o comportamento de quantificar acertadamente. O foco do professor deve estar localizado no pensamento que se desenvolve na cabeça da criança. É através dele que a criança constrói as estruturas mentais.

Para Kamii, ainda é um mistério o modo como precisamente a criança constrói o número, assim como também o é o processo de aprendizado da linguagem. Mas a autora considera que existe bastante evidência teórica e empírica de que as raízes do número têm uma natureza muito geral.

A noção de número só pode emergir a partir da atividade de estabelecer os tipos de relações. Daí decorre que o primeiro princípio de ensino é o de atribuir importância ao fato de colocar todas as espécies de objetos, eventos e ações em todos os tipos de relações.

Kamii não prioriza o ensino de signos. Para ela, o meio ambiente é o melhor espaço para aguçar a curiosidade da criança. O professor deve entender "muito bem" a diferença entre contar de memória e contar com significado numérico, pois a criança deve dominar a estrutura lógico-matemática.

A representação com signos é muito enfatizada na educação inicial e eu prefiro colocá-la em segundo plano. Muitos professores ensinam as crianças a contar, ler e escrever numerais, acreditando que assim estão ensinando conceitos numéricos.

---
[42] KAMII, 2001, p. 37.

É bom para a criança aprender a contar, ler e escrever numerais, mas é muito mais importante que ela construa a estrutura mental de número. Se a criança tiver construído esta estrutura, terá maior facilidade em assimilar os signos a ela. Se não a construiu, toda a contagem, leitura e escrita de numerais será feita apenas de memória (decorando).[43]

É primordial que o professor propicie um ambiente de aprendizagem onde existam números falados e números escritos. Dessa forma, a criança se interessa em aprender e compreender o que ocorre a partir da estrutura mental que está em seu interior.

Kamii conclui:

O objetivo para "ensinar" o número é o da construção que a criança faz da estrutura mental de número. Uma vez que esta não pode ser ensinada diretamente, o professor deve priorizar o ato de encorajar a criança a pensar ativa e autonomamente em todos os tipos de situações. Uma criança que pensa ativamente à sua maneira, incluindo quantidades, inevitavelmente constrói o número. A tarefa do professor é a de encorajar o pensamento espontâneo da criança, o que é muito difícil porque a maioria de nós foi treinada para obter das crianças a produção de respostas "certas".[44]

A pesquisadora analisa três princípios de ensino que envolvem mais especificamente a quantificação de objetos, expostos a seguir.

1. A criação de todos os tipos de relações: Encorajar a criança a estar alerta e colocar todos os

---
[43] Ibidem, p. 40.
[44] Ibidem, p. 41.

tipos de objetos, eventos e ações em todas as espécies de relações.

2. A quantificação de objetos:
   a. Encorajar as crianças a pensarem sobre número e quantidades de objetos quando estes sejam significativos para elas.
   b. Encorajar a criança a quantificar objetos logicamente e a comparar conjuntos (em vez de encorajá-las a contar).
   c. Encorajar a criança a fazer conjuntos com objetos móveis.

3. Interação social com os colegas e os professores:
   a. Encorajar a criança a trocar ideias com seus colegas.
   b. Imaginar como a criança está pensando e intervir de acordo com aquilo que parece ocorrer em sua cabeça.[45]

Uma das finalidades em relação ao ensino de números é que o pensamento numérico se desenvolva naturalmente. O professor deve ser cuidadoso para não insistir que a criança dê a resposta correta a todo custo. Perguntas devem ser feitas casualmente, incentivando-a a pensar numericamente.

As crianças podem saber como recitar números numa sequência correta, mas não escolhem necessariamente usar essa aptidão como uma ferramenta confiável. "Quando a criança constrói a estrutura mental do número e assimila as palavras a esta estrutura, a contagem torna-se um instrumento confiável."[46]

Segundo a autora, os professores treinados sem conhecer a teoria de Piaget podem ser vistos frequentemente ensinando crianças a tocar cada objeto

---
[45] Ibidem, p. 42.
[46] Ibidem, p. 54.

quando dizem uma palavra. Este é apenas um ensino superficial. As crianças têm que assimilar as palavras numéricas à estrutura mental. Se essa estrutura ainda não estiver construída, a criança não possui o que necessita para assimilar palavras numéricas.[47]

Pedir às crianças que contem não é uma boa maneira de ajudá-las a quantificar objetos. Uma abordagem melhor desta questão é pedir-lhes que comparem dois conjuntos. Para Kamii, "as crianças não aprendem conceitos numéricos com desenhos, tampouco aprendem conceitos numéricos meramente pela manipulação de objetos. Elas constroem esses conceitos pela abstração reflexiva na medida em que atuam (mentalmente) sobre os objetos"[48].

Quando um aluno distribui livros para a classe, o importante não é a manipulação dos livros, mas o raciocínio que se desenvolve enquanto ele distribui os livros.

Kamii ainda afirma que "a criança não constrói o número fora do contexto geral do pensamento no dia a dia. Portanto, o professor deve encorajar a criança a colocar todos os tipos de coisas, ideias e eventos em relações todo o tempo, em vez de focalizar apenas a quantificação"[49].

As situações que a pesquisadora propõe em seus livros conduzem à quantificação de objetos. São apresentadas sob dois títulos: vida diária e jogos em grupos. Em cada exemplo observa-se que deve haver o estímulo à reflexão sobre números e quantidades de objetos quando eles forem significativos para a criança.

As situações da vida diária referem-se à distribuição de materiais, divisão e coleta de objetos, registro de informação ou arrumação da sala de aula.

---

[47] Ibidem, p. 56.
[48] Ibidem, p. 58.
[49] Ibidem, p. 70.

Os jogos em grupo sugeridos incentivam a criança a pensar no número utilizando baralho, dados, boliche, jogos de tabuleiro e jogo da memória, entre outros. Esses jogos fazem que as crianças pensem não só numericamente mas ativamente, ao tomar decisões, discutir resultados, trocar opiniões e comparar quantidades. Kamii destaca que os jogos em grupo são situações ideais para troca de opiniões, pois neles as crianças são motivadas a controlar a contagem.

A situação em que as crianças estão jogando em grupo e uma delas é corrigida por outra é uma ocasião de aprendizagem bem melhor do que inúmeras lições no caderno ou folhas impressas. Quando elas realizam as atividades dadas pelo professor, fazem apenas o seu trabalho e não questionam o que a outra criança pensou. É por isso que Kamii afirma: "Nos jogos em grupo as crianças estão mentalmente muito mais ativas e críticas e aprendem a depender delas mesmas para saber se seu raciocínio está correto ou não"[50].

Contribuições de Michel Fayol

Michel Fayol, pesquisador francês, professor de psicologia na Universidade Blaise Pascal, fez um balanço das contribuições da psicologia cognitiva no que se refere à aquisição do número pela criança, em sua obra *A criança e o número: da contagem à resolução de problemas*[51]. Por meio de uma análise do trabalho de vários pesquisadores, ele discute essencialmente a questão da enumeração e da conservação de quantidades. Um dos objetivos de sua obra é o de expor a origem e o funcionamento das atividades que

---
[50] Ibidem, p. 63.
[51] FAYOL, 1996.

conduzem à enumeração por meio do componente linguístico que permite a denominação de número.

Segundo Fayol o estudo das operações aritméticas, do número e de sua evolução foi, por muito tempo, motivo de atenção por parte de diversos pesquisadores. Ele afirma ainda que as pesquisas atuais utilizam métodos e temáticas diferentes das que as precederam; porém, não diferem quanto à perspectiva da qual são abordadas.

O psicólogo apresenta duas fases para o desenvolvimento da corrente numérica verbal, que mais ou menos se superpõem. Na primeira, seria adquirida "de cor" uma ordem convencional de "etiquetas verbais"; durante a segunda, essa ordem estaria decomposta em entidades/abstrações relacionadas com as outras.

A aquisição verbal é apresentada por Fayol em três partes: a estável e convencional, a estável e não convencional e a não estável nem convencional. É importante ressaltar que as diferenças interindividuais permanecem muito acentuadas no primeiro ano de escolarização. Essas diferenças entre as crianças de uma mesma classe coexistem com uma fortíssima variabilidade intraindividual.

Estável e convencional: estável por ser reencontrada em cada experiência, e convencional por corresponder às regras adultas. Apresenta fatores ligados ao ambiente.

Estável e não convencional: também é comum de ser reencontrada e é classificada como não convencional porque não adota (ou lhe faltam) elementos da ordem do adulto. Quando as crianças precisam enumerar coleções de tamanho relativamente elevado, recorrem a uma sequência parcialmente memorizada e parcialmente inventada. Durante este período a criança ainda não construiu as regras linguísticas da produção das denominações verbais do número. Por exemplo, ela memoriza "de cor" 21, 22, ... 29 em vez de aplicar o princípio de formação 20 + 1, 20 + 2 ... 20 + 9. Podemos pensar que uma certa prática é necessária à criança para que consiga memorizar uma cadeia numérica suficiente, de maneira a poder exercer sobre ela análises que conduzam à descoberta de regras de formação das expressões aritméticas.

Nem estável nem convencional: varia na mesma criança de uma experiência a outra. Algumas crianças falam números fora da sequência, isolados, sendo que alguns aparecem com certa frequência (por exemplo, 13, 16, 19) sem que se compreenda o porquê. Percebem-se na porção instável denominações "inventadas" a partir das regras de formações, como o "dez-dez" após o dezenove, ou emprestadas a partir de outros conjuntos organizados de acordo com as mesmas modalidades (alfabeto, cores etc.).

A idade das aquisições verbais revela-se extremamente variável de uma criança para a outra e, na mesma criança, de um período a outro. Fayol afirma que uma das razões das diferenças depende, sem dúvida alguma, da diversidade dos estímulos fornecidos pelo ambiente.

Durante muito tempo, a corrente verbal é objeto de uma aprendizagem "de cor", principalmente para as unidades (de 1 a 9) e, a partir de 16, mais geralmente para os números de 20 a 99, existem regras linguísticas de formação que a criança terá que descobrir e depois aplicar.

Independentemente do tamanho e da frequência de ocorrência de um conjunto numérico, o armazenamento dos princípios de construção linguística da cadeia numérica facilita a tarefa e autoriza a etiquetagem de todo o conjunto. Já a aprendizagem "decorada", além de exigir um esforço enorme, não permite a enumeração de um conjunto cardinal até então desconhecido.

Fayol apresenta níveis de elaboração e procedimentos de organização da cadeia numérica:

a) Nível do "rosário" *(string level)*. Os nomes dos números se encontram completamente inseridos na sequência, que se vê memorizada e lembrada como uma totalidade única, do tipo "umdoistresquatrocincoseis...". Os números ainda não possuem nenhuma individualidade. Lidamos com a produção justaposta, mas não coordenada, de duas ordens comportamentais. Trata-se de uma simulação: a cadeia verbal pode ser pronunciada na presença de objetos, mas é uma recitação que se sustenta desprovida de significação aritmética.

b) Nível "cadeia não seccionável". Neste nível a criança ainda não consegue iniciar a contagem de um número qualquer da sequência conhecida por ela. Por exemplo, se pedirmos a uma criança que comece contando do 5, ela irá iniciar a contagem do 1 (mesmo que bem baixinho) até chegar ao 5 e daí "iniciar" a contagem em voz alta. Isso significa que para descobrir qual número segue o outro a criança precisa "passar em revista" toda a lista.

É neste período que a criança começa a resolver alguns problemas simples de adição; é a fase do "contar tudo". A autonomia dos termos numéricos permite que a criança compreenda, em certo grau, a significação ordinal da contagem.

Esta fase evidencia, em determinado período do desenvolvimento, uma estreita ligação entre duas habilidades: a exatidão da contagem verbal e a capacidade de dizer qual número segue o outro. Pode durar muito tempo, além dos 5 anos de idade, dependendo, sem dúvida, do nível de habilidade e da frequência com que é utilizada.

c) Nível "cadeia seccionável". Aqui se destacam duas habilidades: a de contar a partir de um número dado (por exemplo, a partir do 5) e a de contar um intervalo (de 5 a 9). Este nível comporta uma série de ligações suscetíveis de serem produzidas e ligadas a qualquer ponto do desencadeamento.

Se pedirmos a uma criança que conte às avessas a partir do 18, ela contará "baixinho" (apenas com movimentos labiais) "14, 15, 16, 17, 18" e em voz alta formulará: 18, 17, 16, 15, 14. Dirá baixinho novamente "11, 12, 13, 14" e, então, em voz alta: 14, 13, 12, 11... Esse procedimento impõe uma carga cognitiva muito pesada, pois exige uma mobilização da cadeia numérica em direção à continuidade.

O estudo do desenvolvimento da cadeia verbal permite uma abordagem da utilização que as crianças podem fazer. É o progresso na estruturação que torna possível a passagem do "contar tudo" ao "contar a partir de" ou, ainda, ao "contar de x a y".

O desenvolvimento da cadeia verbal não poderia limitar-se ao oral. De fato, ao menos na nossa civilização, a numeração escrita ocupa um espaço fundamental e, ainda, o problema da aquisição pode e deve ser levantado.

As formas de codificação, como, por exemplo, a egípcia e a babilônica, apresentam uma clara vantagem em relação ao sistema de numeração decimal devido à facilidade com que é possível compreendê-las; porém, precisam de muitos sinais e tornam as operações delicadas. Ao contrário desses sistemas, os sistemas de notação posicional, como o indiano, apresentam poucos símbolos, porém a necessidade de levar em conta o valor posicional, que corresponde a diferentes potências de base 10, os torna mais complexos e difíceis de serem compreendidos.

Fayol apresenta, ainda, três ordens de fenômenos relativos à aquisição da numeração pela criança.

1) Mesmo sem compreender as funções do número, parecem perceber muito cedo a sua diversidade. Por exemplo: (a) indicações idiossincrásicas (incomunicáveis); (b) pictogramas; (c) símbolos que correspondem termo a termo aos elementos sem perceber semelhanças com estes; (d) sinais convencionais. Pode ocorrer, por exemplo, de uma criança indicar o cardinal 5 desenhando cinco vezes este número em uma etiqueta, utilizando desta forma sinais convencionais como se fossem símbolos.

2) A utilização da notação posicional infere dificuldades, principalmente na sua compreensão. A passagem da enumeração e contagem para a codificação e decodificação, por exemplo.

3) Na compreensão e no emprego dos sinais de operações: +, -, = etc., residem os obstáculos mais difíceis de se eliminar. O fato de a criança saber ler os símbolos matemáticos não garante a pertinência de sua interpretação.

Segundo Fayol, indubitavelmente, o estudo do código escrito talvez – porque pareça conceitualmente simples ao adulto culto – não recebeu a mesma atenção que o da cadeia verbal. Entretanto, ainda neste domínio, foi preciso esperar o início dos anos 1980 para que os sistemas de numeração pudessem ser abordados sob um ângulo linguístico.[52]

Fayol apresenta três categorias de procedimentos que permitem determinar quantos elementos um conjunto determinado comporta.

1) **Percepção global:** é possível perceber quantos elementos existem em um conjunto sem que seja necessário contá-los.

---
[52] Ibidem, p. 43.

2) **Contagem:** é uma habilidade que demanda a coordenação de atividades visuais, manuais e vocais. Com ela se podem determinar quantos elementos existem em um conjunto de forma bem precisa, independentemente do tamanho do conjunto. É possível uma criança, muito cedo, iniciar a prática da contagem.

Para efetuar a contagem é necessária a correspondência estrita entre objetos e nome dos números e, também, a separação entre o que já foi contado e o que falta contar, de modo a evitar a recontagem ou o esquecimento de algum objeto. As maiores dificuldades da contagem residem na coordenação dessas habilidades.

3) **Avaliação global:** depende parcialmente da capacidade de contagem e seu caráter rápido tende a aproximá-la da percepção global. A avaliação revela-se ainda melhor quando a criança tem um bom domínio da contagem. São apresentadas quatro estratégias: na primeira, a criança adivinha, sem fazer referência à contagem; na segunda, a criança efetua a contagem sistematicamente a partir do 1; na terceira, ela articula contagens que vão para a frente e para trás e, na quarta, a criança organiza pontos de referências que lhe são próprios.

No que diz respeito à conservação do número, Fayol enfatiza os trabalhos de Piaget e seus colaboradores. Ele cita o experimento clássico no qual a criança é convidada a colocar contas (bolinhas) em frascos idênticos, junto com o pesquisador. Em seguida, solicita-se à criança que coloque as contas em frascos diferentes (mais alto e mais estreito, ou mais baixo e mais largo) e pergunta-se a ela qual frasco tem mais contas. Ao observar os frascos, a criança não percebe que a quantidade não foi alterada e tende a afirmar que no frasco mais alto e mais estreito a quantidade é maior, ou que no frasco mais baixo e mais largo a quantidade é menor.

As figuras abaixo ilustram este fato:

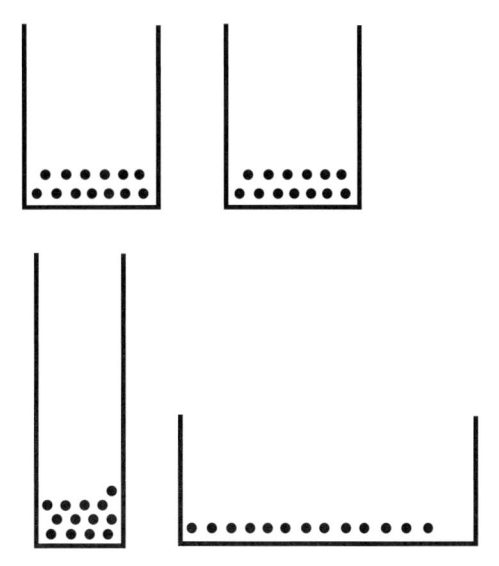

Figura 14.

Fayol destaca:

> *De acordo com Piaget, parece claramente, através da experiência anteriormente relatada e de muitas outras, que a conservação do número, isto é, sua invariância, não resulta de uma constatação indutiva, mas de uma dedução. Longe de ser observada, a conservação seria concebida como necessária: nem a contagem nem a correspondência termo a termo seriam suficientes para garanti-la.[53]*

Para Fayol, muitas vezes a criança dá respostas errôneas por não compreender o que foi solicitado verbalmente, o que mostra a influência da linguagem nos resultados.

---
[53] Ibidem, p. 68.

Outro ponto a ser destacado é a invariância do número. Os fracassos muitas vezes registrados se devem à incompreensão das instruções dadas, e não à ausência de "noções".

O problema das relações entre linguagem e conservação poderia levar em conta diferentes modalidades de ligação entre representações linguísticas, de um lado, e visuais-espaciais de outro. Se tal fosse o caso, a criança coordenaria duas evoluções paralelas, mas não necessariamente congruentes. A primeira envolveria os aspectos da situação por ela retidos. A segunda seria relativa às regras que estabelecem uma ligação entre discurso e referência.[54]

A formulação linguística interfere na determinação das respostas das crianças às provas de conservação. O adulto, muitas vezes, considerando modificações pouco relevantes, pode conduzir a criança do fracasso ao sucesso e vice-versa.

Alguns autores citados por Fayol não condicionam a aquisição da numeração e da contagem ao acesso à conservação. O fracasso nas provas de conservação não implicaria na impossibilidade de a criança aprender, compreender e aplicar a contagem.

As concepções das relações entre conservação e contagem evoluíram consideravelmente durante os dois últimos decênios. Enquanto Piaget, de um lado, e Greco, de outro, consideravam as atividades de numeração secundárias em relação ao caráter fundamental da conservação das quantidades descontínuas, os trabalhos posteriores mostraram-se sucessivamente contrários a esse ponto de vista, usando os seguintes argumentos:

a) o desenvolvimento das habilidades numéricas, mesmo complexas, não depende do acesso prévio à conservação do número;

---
[54] Ibidem, p. 70.

b) o fato de se estimular os sujeitos a contar antes de submetê-los a provas de conservação (das quais não são advertidos) provoca uma melhora bastante sensível e muito sistemática dos resultados;

c) a preparação às atividades numéricas induz progressos nos domínios aritméticos e lógicos, enquanto a preparação baseada nas classificações e seriações ocasiona melhora unicamente nesses setores;

d) o fornecimento de uma informação de retorno quanto à exatidão dos julgamentos de conservação tende a provocar um crescimento dos recursos à enumeração para auxiliar as respostas.[55]

Fayol destaca duas concepções que relacionam a conservação e a contagem: a primeira mostra o impacto maciço da contagem sobre a conservação que ele observou em várias pesquisas; a segunda traz dados empíricos que não são suficientes para dar fundamento direto à conservação, os quais são apresentados em pesquisas com a perspectiva teórica de Piaget. Ainda aponta existir caminhos para a reconciliação dessas duas concepções, considerando que as influências das atividades numéricas sobre o acesso à conservação não resultam do impacto direto dessas atividades, mas sim da abstração reflexiva (Piaget) operada pela criança.

Deve estar claro que toda aquisição só é possível quando mediada pela atividade de quem aprende. Em suma, as intervenções no ambiente – em sentido amplo – só podem dar resultado na medida em que induzam um trabalho cognitivo da parte do sujeito. É por isso que a eficácia do ensino, por mais inegável que seja, permanece difícil de ser assegurada.[56]

---

[55] Ibidem, p. 81.
[56] Ibidem, p. 169.

Contribuições de Gray e Tall

David Tall é um teórico da educação matemática da Universidade de Warwick, uma das principais do Reino Unido. É conhecida sua parceria de longa data com Eddie Gray. Estudos de Gray e Tall (1994) mostram que a aprendizagem da adição de 3 + 4, por exemplo, se dá por meio de uma crescente sofisticação do conhecimento até se chegar naquilo que chamaram de "compressão".

No primeiro nível, nomeado de "conta-todos", a criança usa três procedimentos simples de contagem de objetos físicos, dizendo "um" ao começar cada contagem. Assim, conta três objetos (dizendo "1, 2, 3"), conta quatro objetos (dizendo "1, 2, 3, 4") e, em seguida, conta sete objetos (dizendo "1, 2, 3, 4, 5, 6, 7").

No segundo nível, nomeado de "conta-ambos", a criança usa somente dois procedimentos de contagem: uma contagem simples de três objetos (dizendo "1, 2, 3") e, então, uma "sobrecontagem" para os quatro objetos seguintes (dizendo "4, 5, 6, 7").

No terceiro, chamado de "sobrecontagem", os pesquisadores consideram que ocorre um processo de contagem mais sofisticado, envolvendo um só procedimento: a criança conta diretamente quatro objetos (dizendo "4, 5, 6, 7") sem proceder à contagem dos três primeiros objetos (a enunciação "1, 2, 3").

O quarto nível corresponde àquele em que a "sobrecontagem" é realizada escolhendo o maior, ou seja, é feita uma "sobrecontagem" mais curta. A criança inicia a contagem de sete objetos, dizendo "5, 6, 7", sem proceder à contagem dos quatro objetos (a enunciação "1, 2, 3, 4"). Quando calcula, por exemplo, 1 + 9, percebe que é mais adequado pensar em 9 e adicionar 1.

No quinto nível, denominado de "fato derivado", a soma exigida deriva de outros fatos conhecidos (por exemplo, 3 + 4 corresponde a 1 a menos que 4 + 4, que são 8; portanto, o resultado é 7).

No sexto nível, denominado de "fato conhecido", a criança busca simplesmente uma informação já memorizada (3 + 4 são 7).

Contribuições de Delia Lerner e Patricia Sadovsky

Delia Lerner é pesquisadora e professora de graduação e de mestrado nas universidades de Buenos Aires e La Plata. Destaca-se pela atuação abrangente e intensa em termos científicos e práticos. Assessora órgãos governamentais e instituições particulares na Espanha e em vários países da América Latina. Trabalha ainda numa escola de nível fundamental – que considera seu "melhor laboratório" – e é consultora de diversos projetos.

Patricia Sadovsky é doutora em didática da matemática, professora da Faculdade de Ciências Exatas e Naturais da Universidade de Buenos Aires (UBA), pesquisadora do Centro de Formação e Investigação no Ensino das Ciências (CEFIEC) e coordenadora do Centro de Capacitação de Professores da Secretaria de Educação da Cidade de Buenos Aires.

As pesquisas de Lerner e Sadovsky foram inspiradas por Emilia Ferreiro e Anne Sinclair. Apresentam um estudo com o intuito de investigar como as crianças elaboram suas suposições em relação à notação numérica muito antes de ingressarem na escola. Elas se pautam na teoria psicogenética para compreender os processos de construção do conhecimento que envolvem a notação numérica.

Em suas pesquisas sobre números, o objetivo era o de investigar quais as hipóteses que as crianças criavam a partir do contato cotidiano com a numeração escrita e descobrir por que, apesar de todos os recursos didáticos utilizados, a aprendizagem do sistema de numeração ainda é um problema.

O problema na aprendizagem do sistema de numeração aparece não só quando o professor trabalha na base 10, mas em outras também. A grande dificuldade está na relação do agrupamento com a escrita numérica. Após entrevistarem as crianças, Lerner e Sadovsky constataram que elas não relacionam as unidades, as dezenas e as centenas com o "vai um" ou "pede emprestado". As autoras afirmam:

> *"vai um" e "peço emprestado" – ritual inerente das contas escolares – não tinham vínculo nenhum com as "unidades, dezenas e centenas" estudadas previamente. Esta ruptura manifestava-se tanto nas crianças que cometiam erros ao resolver as contas como naqueles que obtinham o resultado correto: nem umas nem outras pareciam entender que os algarismos convencionais estão baseados na organização de nosso sistema de numeração.*[57]

As autoras atentaram para o fato de que a criança entende o número a partir de experiências significativas. É nesse contato que ela aos poucos conhecerá regularidades da escrita e do significado numérico.

Lerner e Sadovsky tinham como pressuposto:

> *Como a numeração escrita existe não só dentro da escola, mas também fora dela, as crianças têm oportunidade de elaborar conhecimentos acerca deste sistema de representação muito antes de ingressar na primeira série. Produto cultural, objeto de uso social cotidiano, o sistema de numeração se oferece à indagação infantil desde as páginas dos*

---
[57] LERNER e SADOVSKY, 1996, p. 74.

livros, a listagem de preços, os calendários, as regras, as notas da padaria, os endereços das casas etc...[58]

Lerner e Sadovsky desenvolveram uma pesquisa com cinquenta crianças na faixa etária de 5 a 8 anos, todas da mesma série. As entrevistas clínicas foram realizadas com duplas de crianças. O intuito da pesquisa era o de saber como as crianças se apropriam do sistema de numeração. Foram elaboradas situações didáticas que propiciaram questionamentos e formulações de ideias. Essas situações foram baseadas em uma proposta didática que tinha o objetivo de descobrir o que as crianças consideravam importante, ou do seu interesse, e que ideias elas tinham em relação aos números.

Para as autoras, é uma opção didática levar em conta ou não o que as crianças sabem, as perguntas que se fazem, os problemas que se formulam e os conflitos que devem superar, assim como a natureza do objeto de conhecimento e as conceitualizações dos alunos à luz das propriedades desse objeto.

Ao tentar se apropriar do nosso sistema de numeração, a criança deverá descobrir o que ele oculta. Ela começa por detectar aquilo que resulta observável no contexto da interação social. A partir desses conhecimentos, multiplica suas perguntas a respeito do sistema de numeração.

Lerner e Sadovsky afirmam que: "Introduzir na sala de aula a numeração escrita tal como ela é, e trabalhar a partir dos problemas a sua utilização, são duas regras a que nos submetemos na complexidade do sistema de numeração"[59].

Ao pensar no trabalho didático com a numeração escrita, é imprescindível ter presente uma questão

---
[58] Ibidem, p. 74.
[59] Ibidem, p. 117.

essencial: trata-se de ensinar e de aprender um sistema de representação. Então, será necessário criar situações que permitam mostrar a própria organização do sistema, como descobrir de que maneira esse sistema "encarna" as propriedades da estrutura numérica que ele representa.

Lerner e Sadovsky afirmam que é necessário estimular a utilização de materiais em que apareçam números escritos em sequência – fita métrica, almanaque, régua etc. –, pois isso torna possível que as crianças aprendam a buscar por si mesmas a informação de que necessitam. Esses materiais resultam úteis para todas as crianças, pois as que estão em condições de ordenar todos os números propostos poderão utilizá-los para verificar sua produção. Em síntese, todas as situações têm oportunidade de buscar uma resposta; todas as crianças crescem graças ao trabalho cooperativo, todas realizam aprendizagem.

A relação entre fala e numeração escrita é um caminho que as crianças transitam em ambas as direções: não só a sequência oral é um recurso importante na hora de compreender ou anotar as escritas numéricas, como também recorrer à sequência é um recurso para reconstruir o nome do número. Esta é uma das razões pelas quais é fundamental propor atividades que favoreçam o estabelecimento de regularidades na numeração escrita.

Se queremos conseguir que as crianças adquiram ferramentas a partir das quais possam "autocriticar" as escritas baseadas na correspondência com a numeração falada, é preciso garantir a circulação de informação referente às regularidades. Assim, fica claro que a análise de uma regularidade observável na notação numérica, além de incidir no progresso para a escrita convencional, contribui para o avanço da numeração falada.

Lerner e Sadovsky procuravam descobrir quais eram as conclusões que as crianças poderiam tirar a partir de seu contato cotidiano com a numeração escrita, em calendários, endereços, números de telefone, preços, entre outros.

As situações didáticas aplicadas pelas pesquisadoras tinham como foco a comparação e a produção de números, de modo a observar a produção da escrita numérica.

Para a comparação dos números foi utilizado um jogo com baralho, denominado jogo da guerra ou batalha. O baralho era constituído de vinte cartas, com um único naipe, e números entre 5 e 31. Para a produção do número, a estratégia era solicitar às crianças que imaginassem e escrevessem um número muito alto; após o registro do número, iniciava-se uma discussão em que as crianças eram convidadas a opinar sobre qual delas tinha escrito o maior número.

Conforme as autoras, as crianças elaboram critérios de comparação numérica muito antes de conhecer o número na forma convencional. As crianças já fazem a relação entre a posição e o valor dos algarismos; quando interagem com a escrita numérica, percebem a regularidade e procuram representar os números pela escrita interagindo dentro de um contexto (mundo real).

Assim, as conceitualizações a respeito da escrita dos números baseiam-se nas informações extraídas da numeração falada e do conhecimento da escrita convencional. Para produzir os números cuja escrita convencional ainda não adquiriram, as crianças misturam símbolos que conhecem, colocando-os de maneira tal que se correspondam, como a ordenação dos termos na numeração falada.

As autoras, após a pesquisa, delinearam cinco aspectos observados quando as crianças tentaram conhecer o sistema de numeração, os quais consideram essenciais.

Um desses aspectos refere-se à relação entre a quantidade de algarismos de um número e o valor do número. Ao entrevistarem as crianças as autoras observaram que elas elaboram a seguinte hipótese: "Quanto maior a quantidade de algarismos de um número, maior é o número". Dos três exemplos apresentados pelas autoras, destacamos um:

Alina (6 anos, primeira série), ao justificar suas decisões no jogo da guerra, afirma que 23 é maior que 5 "porque este [23, porém ela não o nomeia porque desconhece sua denominação oral] tem dois números e tem mais, e este (5) tem um só número".[60]

Para Lerner e Sadovsky, o critério de comparação numérica que as crianças elaboram funciona mesmo quando elas não conhecem a denominação oral dos números. Esse critério acontece a partir da interação com a numeração escrita e independe da sequência numérica. Constitui-se também numa ferramenta importante no âmbito da notação numérica, permitindo comparar qualquer par de números cuja quantidade de algarismos seja diferente.

As pesquisadoras observaram que, mesmo quando as crianças não conhecem a denominação oral dos números, ao classificá-los elas recorrem não só à quantidade de algarismos, mas ao lugar que ocupam na sequência oral.

Os argumentos relacionados à escrita têm prioridade sobre os vinculados à sequência oral. Isso ocorre a partir da interação da criança com a numeração escrita, independentemente da manipulação da sequência de números, sendo um fator importante para a notação numérica. Essa interação é importante para a criança porque ela compara qualquer par

---

[60] Ibidem, p. 77.

de números cuja quantidade de algarismos seja diferente. Percebe-se que as crianças não conhecem a denominação oral dos números que estão comparando quando sabem nomear o número, mas justificam a afirmação recorrendo não só à quantidade de algarismos, mas ao lugar que ocupam na sequência oral. Por exemplo, quando a criança afirma que o 16 é maior que o 5 porque há mais números antes dele do que antes do 5.

Segundo as pesquisadoras, ocorrem momentos de conflito, principalmente quando os alunos começam a perceber que um número cujos algarismos são todos "baixinhos" (1111) é maior que outro formado por algarismos "muito altos" (999).

Nas pesquisas ficou evidente que as crianças já sabem que a posição dos algarismos desempenha uma função importante no sistema de numeração decimal. E que o valor de um algarismo depende do lugar em que está localizado em relação aos outros que constituem o número.

Depois que a criança descobre que a posição do algarismo desempenha uma função importante no sistema de numeração decimal, ela demonstra ser capaz de desenvolver o critério de comparação, com base na posição dos algarismos. Porém, para ela, inicialmente é o primeiro algarismo que manda. Ao comparar dois números com a mesma quantidade de algarismos ela observa que o maior será aquele que tiver o primeiro algarismo maior (por exemplo: 56 e 78). É importante que a criança compreenda que, quando o primeiro algarismo for igual nos dois números (por exemplo: 79 e 78), será necessário observar o segundo algarismo.

Lerner e Sadovsky comentam que para a maioria das crianças os argumentos relacionados à numeração escrita têm prioridade sobre os vinculados à sequência oral. Como exemplo, destacamos:

Alina e Ariel, por exemplo, justificam originalmente suas afirmações apelando à posição dos algarismos nos números escritos ("Estão ao contrário", "Diferencia-se pelo primeiro"), e só apontam argumentos referentes à sequência oral ("Sim, porque neste (21) está depois e neste (12) está primeiro").[61]

As autoras observaram que o critério de comparação baseado na posição dos algarismos está longe de construir-se de uma única vez, pois a sua generalização requer a superação de alguns obstáculos. Falam também que as crianças não suspeitam que "o primeiro é quem manda" porque representa agrupamentos de 10; ainda não descobriram as regras do sistema de numeração, mas nada impede que levantem hipóteses em relação ao assunto.

Dizer que 8 é maior que 10 é uma afirmação válida em qualquer cultura, independentemente do sistema de numeração que ela utiliza. Porém, se esta afirmação se justifica pela afirmação de que "8 tem só um algarismo e 10 tem dois", utiliza-se uma argumentação que é específica dos sistemas posicionais, já que nos sistemas não posicionais a quantidade não está relacionada ao valor do número. Assim, o que o sistema posicional tem que os outros não têm é a possibilidade de se estabelecer a relação entre quantidade de algarismos e valor do número. Daí vem a regra do "primeiro é quem manda".

Mas nem tudo é posicional na vida das crianças. A numeração falada se interpõe no caminho da posicionalidade e dá origem a produções aditivas. Essas produções são facilmente interpretadas não só pelos adultos, como também pelas crianças que já escrevem convencionalmente os números em questão, o

---

[61] Ibidem, p. 83.

que coloca em evidência uma indubitável vantagem dos sistemas aditivos: sua transparência.

Quando as crianças conseguem organizar o que descobriram na escrita numérica – que o valor de um algarismo varia em função da posição que ocupa, a partir da informação que lhes dá a sequência oral, em que eles podem estabelecer intervalos constituídos por "vinte", "trinta" etc. –, aí surgem os "nós". As autoras denominam como "nós" os números 100, 200, 300... E os números de 101 a 199, de 201 e 299 etc. são os que estão entre os nós.

> *A apropriação da escrita convencional dos números não segue a ordem da série numérica: as crianças manipulam em primeiro lugar a escrita dos "nós" – quer dizer, das dezenas, centenas, unidades de mil..., exatas – e só depois elaboram a escrita dos números que se posicionam nos intervalos entre estes nós.*[62]

Delia Lerner e Patricia Sadovsky apresentaram vários exemplos. Os dados obtidos sugerem que as crianças se apropriam em primeiro lugar da escrita convencional da potência da base (100 = 10^2), e que a escrita dos outros nós correspondentes a essa potência é elaborada a partir desse modelo, conservando a quantidade de algarismos. Isso as levam a abordar um outro aspecto: a importância da numeração falada.

As autoras afirmam que, se pretendemos que o uso da numeração seja realmente o ponto de partida da reflexão, e esperamos que seja efetivamente possível estabelecer regularidades, torna-se necessário adotar outra decisão: trabalhar desde o começo, e simultaneamente, com diferentes intervalos da sequência numérica. Desse modo, será possível

---
[62] Ibidem, p. 87.

favorecer comparações entre números e entre diferentes quantidades de algarismos, promovendo a elaboração de conclusões como: (1) fazer perceber que os números da "turma do 100" precisam de três algarismos, os da "turma do 1.000", de quatro etc.; (2) propiciar o conhecimento da escrita convencional dos nós e sua utilização como base na produção de outras escritas; (3) conseguir, em suma, que cada escrita se construa em função de outras relações significativas.

Lerner e Sadovsky destacam que a criança supõe que a numeração escrita se prende rigorosamente à numeração falada, e sabe também que no sistema de numeração a quantidade de algarismos está ligada à grandeza do número. Assim, a numeração falada diz respeito essencialmente à escrita dos números que estão entre os nós. Por exemplo, o número 2.894 nesse período pode ser representado pela criança como "2000800904".

A hipótese de que a escrita numérica é o resultado de uma correspondência com a numeração falada leva a criança a criar notações não convencionais. Isso ocorre porque a diferença da numeração escrita em relação à numeração falada está em que a falada não é posicional. Se a numeração falada fosse posicional, a denominação oral de 2.894 seria "dois, oito, nove, quatro"; no entanto, a denominação utilizada para esse número explicita as potências de 10 correspondentes aos algarismos (dois mil oitocentos e noventa e quatro).

Evidentemente, não é tarefa fácil descobrir o que está oculto na numeração falada e o que está oculto na numeração escrita. É preciso aceitar que uma coisa não coincide sempre com a outra, determinar quais são as informações fornecidas pela numeração falada que podem ser aplicadas à numeração escrita e quais não, descobrir que os princípios que regem a numeração escrita não são diretamente transferíveis à numeração falada...

> *E, no entanto, apesar de todas estas dificuldades inerentes ao objeto de conhecimento, as crianças apropriam-se progressivamente da escrita convencional dos números que antes realizavam a partir da vinculação com a numeração falada.*[63]

Para as autoras é visível que, apesar das dificuldades das crianças, elas se apropriam progressivamente da escrita convencional.

Lerner e Sadovsky observaram que as crianças se deparam com duas questões contraditórias:

- por um lado, elas supõem que a numeração escrita se vincula estritamente à numeração falada;

- por outro lado, sabem que em nosso sistema de numeração a quantidade de algarismos está relacionada à magnitude do número representado.[64]

Em relação à primeira conclusão, a criança refere-se à escrita dos números posicionados nos intervalos entre os nós, enquanto os outros são representados de maneira convencional.

As crianças escrevem os números que estão entre dois nós com mais algarismos que os números que representam os mesmos "nós". Por exemplo, três mil e cinco mil, elas escrevem convencionalmente, 3.000 e 5.000, porém três mil oitocentos e cinquenta e quatro elas representam como 300080054 ou 3000854; mas, ao perceberem que a numeração falada é diferente da numeração escrita, tentam se aproximar da convencional "diminuindo a escrita".

---
[63] Ibidem, p. 97.
[64] Ibidem, p. 98.

Em síntese, para Lerner e Sadovsky,

As escritas que correspondem à numeração falada entram em contradição com as hipóteses vinculadas à quantidade de algarismos das notações numéricas. Tomar consciência deste conflito e elaborar ferramentas para superá-lo parecem ser passos necessários para progredir até a notação convencional.[65]

As autoras mostram que as crianças produzem e interpretam escritas convencionais antes de justificá-las, apelando à lei do agrupamento recursivo, além de elaborarem conceitos e estratégias em relação à notação numérica. Afirmam que é uma opção didática o professor valorizar ou não o que as crianças sabem, as perguntas que fazem, os problemas que elaboram e os conflitos que devem superar.

As autoras afirmam que, nas escritas numéricas realizadas pelas crianças, coexistem modalidades de produção diferentes para números posicionados em diferentes intervalos da sequência. Crianças que escrevem convencionalmente qualquer número de dois algarismos (25, 13, 47 etc.) produzem escritas correspondentes com a numeração falada quando se trata de centenas (10025 para cento e vinte e cinco, 20027 para duzentos e vinte e sete etc).

Lerner e Sadovsky destacam que não são tarefas fáceis: (1) descobrir o que está oculto na numeração e o que está oculto em sua representação escrita; (2) aceitar que uma coisa não coincide sempre com a outra; e (3) determinar quais são as informações pertinentes fornecidas pela numeração falada que devem ser aplicadas na numeração escrita, levando em conta que uma não é diretamente transferível à outra.

---

[65] Ibidem, p. 108.

As crianças supõem que a numeração escrita se vincula estritamente à numeração falada e sabem que, em nosso sistema de numeração, a quantidade de algarismos está relacionada à magnitude do número representado. Em síntese, as escritas que correspondem à numeração falada entram em contradição com as hipóteses vinculadas à quantidade de algarismos das notações numéricas. Tomar consciência deste conflito e elaborar ferramentas para superá-lo parecem ser passos necessários para progredir até a notação convencional.

Contribuições de Gérard Vergnaud

Gérard Vergnaud é diretor de pesquisa do Centro Nacional de Pesquisa Científica (CNRS) da França. Discípulo de Piaget, amplia e redireciona, em sua teoria, o foco piagetiano das operações lógicas gerais, das estruturas gerais do pensamento para o estudo do funcionamento cognitivo do "sujeito-em-situação". Além disso, diferentemente de Piaget, toma como referência o próprio conteúdo do conhecimento e a análise conceitual do domínio desse conhecimento.

Segundo Vergnaud, sua teoria dos campos conceituais tem como finalidade fornecer um quadro que permita compreender as filiações e rupturas entre conhecimentos, nas crianças e adolescentes – entendendo por "conhecimento" tanto o saber fazer como os saberes expressos e não ignorando o fato de que os efeitos da aprendizagem e do desenvolvimento, nessa faixa etária, intervêm conjuntamente.

A teoria dos campos conceituais começou a ser elaborada para explicar o processo de conceitualização das estruturas aditivas, das estruturas multiplicativas, das relações número-espaço e da álgebra, porém não é específica da matemática.

Vergnaud reconhece ainda a importância da teoria de Piaget em sua teoria, quando destaca as ideias de adaptação, desequilibração e reequilibração como eixo para a investigação em didática da matemática.

Ressalta ainda, em Vygotsky, a chamada de consciência anterior, ou seja, aquela que permite dar conta de determinada tarefa, e a consciência posterior, que possibilita refletir sobre o processo de resolução de certa tarefa. Para o autor, podemos encontrar em Vygotsky e em Piaget, apesar de uma metodologia diferente, a ideia de que a conceitualização implica em um retorno reflexivo sobre a própria atividade, enfatizando a relação entre as propriedades do objeto e as propriedades da ação.

Ele comenta que o verbo *réussir*, em francês, significa mais do que fazer. Em português, é ter êxito, fazer com sucesso. Para fazer bem alguma coisa é preciso que haja uma cognição e também uma reflexão sobre o sucesso que devemos obter. Ressalta ainda que, de fato, essa oposição entre cognição e metacognição é um pouco abusiva, porque as duas estão interconectadas na aprendizagem.

Vergnaud considera que, quando nos interessamos pela aprendizagem e pelo ensino de um conceito, este não pode ser reduzido à sua definição. Um conceito adquire sentido para a criança por meio de situações e problemas que podem ser tanto teóricos como práticos.

Segundo o autor, o conhecimento somente será racional se for operatório, de acordo com as classes de situações a seguir:

1. classes de situações para as quais o sujeito dispõe em seu repertório, num dado momento de seu desenvolvimento e em determinadas circunstâncias, das competências necessárias ao tratamento relativamente imediato da situação;

2 classes de situações para as quais o sujeito não dispõe de todas as competências necessárias, o que o obriga a um tempo de reflexão e de exploração, a hesitações, a tentativas abortadas, conduzindo-o quer ao êxito, quer ao fracasso.[66]

O conceito de esquema de Piaget é fundamental na teoria de Vergnaud e, apesar de interessante para as duas classes de situações, não funciona da mesma maneira para ambas. No primeiro caso podemos observar que uma mesma classe de situações está organizada por um esquema único; no segundo caso, acontece algo semelhante ao processo de equilibração de Piaget, o qual necessariamente é acompanhado por descobertas. É nos esquemas que devemos procurar os conhecimentos-em-ação do sujeito, isto é, elementos cognitivos que permitem que a ação do sujeito seja operatória.

As competências matemáticas, segundo o autor, são sustentadas por esquemas organizadores da conduta. Ele cita como exemplo os algoritmos, os quais, em todas as nossas condutas, utilizamos uma parte de forma automatizada e outra de forma consciente. Na maioria das vezes os esquemas são eficazes, mas nem sempre efetivos. Tomemos como exemplo o algoritmo da multiplicação dos números inteiros, apresentado sob a forma de um conjunto de regras.

As crianças, embora sejam capazes de executar a sequência das operações, dificilmente explicitam essas regras. Vergnaud justifica essa "dificuldade" no parágrafo a seguir:

Convém observar ainda que, sem a numeração de posição e a conceitualização que está associada (decomposição polinomial dos números),

---

[66] VERGNAUD, 1996, p. 156.

o esquema-algoritmo não pode funcionar: podemos vê-lo claramente nos alunos que não conseguem compor umas com as outras informações dadas em termos de dezenas, de centenas e de milhares. Há sempre muito de implícito nos esquemas.[67]

Ao considerarmos os erros mais comuns feitos pelos alunos nas operações de multiplicação e de divisão, observamos que são causados por um conceito insuficiente do sistema de numeração decimal. A execução automatizada de um esquema pode levar a tais erros, mas não explica os principais erros.

Para o autor, os procedimentos heurísticos são esquemas muitas vezes não eficazes, que não são permanentes como os algoritmos, mas compostos por regras de ações e de antecipações, as quais geram uma sequência de ações para atingir determinado objetivo.

Cabe aqui a definição dada por Vergnaud (1994) de campos conceituais como um conjunto vasto, porém organizado, a partir de um conjunto de situações. Para fazer face a essas situações, é preciso um conjunto de esquemas de conceituações e de representações simbólicas. Em geral, a escola busca uma organização hierárquica das formas de organização da atividade. É também corrente tomar-se campo conceitual apenas como o conjunto de conceitos que permitem dar conta de uma situação ou um conjunto de situações.

O campo aditivo

Para o pesquisador Gérard Vergnaud, um campo conceitual pode ser entendido como um conjunto de

---
[67] Ibidem, p. 160.

problemas, situações, conceitos, relações, estruturas, conteúdos e operações de pensamento, informais e heterogêneos, ligados entre si, interferindo igualmente durante o processo de aquisição. Por exemplo: os conceitos de quantidade, adição, subtração, transformação, relação de comparação, deslocamento e abscissa em um eixo, número natural e número inteiro são elementos de um único campo conceitual – o campo das estruturas aditivas. Considerar que os problemas aditivos e subtrativos devem ser vistos como um campo conceitual e como um tema a ser trabalhado na escola, concomitantemente ao trabalho de construção do significado dos números naturais, é uma perspectiva atual, que se apoia em estudos da área de educação matemática.

Tais estudos evidenciam, por exemplo, que a dificuldade de um problema não está diretamente relacionada à operação requisitada para a solução. Nem sempre problemas que se resolvem por adição são mais fáceis para as crianças do que outros, resolvidos por subtração.

Mostram, ainda, que problemas aditivos e subtrativos não podem ser classificados separadamente, pois fazem parte de uma mesma família. Assim, o estudo da adição e da subtração deve ser proposto ao longo do Ensino Fundamental, juntamente com o estudo de números e com o desenvolvimento do cálculo escrito e mental. Tal prática deve levar em conta as especificidades de cada tipo de problema e os procedimentos de solução disponíveis no repertório das crianças.

Nos Parâmetros Curriculares Nacionais para o Ensino Fundamental (anos iniciais)[68] há uma série de recomendações baseadas nas contribuições de Vergnaud, como podemos verificar lendo o trecho a seguir:

---

[68] BRASIL, 1997.

A justificativa para o trabalho conjunto dos problemas aditivos e subtrativos baseia-se no fato de que eles compõem uma mesma família, ou seja, há estreitas conexões entre situações aditivas e subtrativas. A título de exemplo, analisa-se a seguinte situação:
– João possuía 8 figurinhas e ganhou mais algumas num jogo. Agora ele tem 13 figurinhas.[69]

Ao observar as estratégias de solução empregadas pelos alunos, pode-se notar que a descoberta de quantas figurinhas João ganhou, às vezes, é encontrada pela aplicação de um procedimento aditivo, e, outras vezes, subtrativo.

Isso evidencia que os problemas não se classificam em função unicamente das operações a eles relacionadas a priori, e sim em função dos procedimentos utilizados por quem os soluciona.

Outro aspecto importante é o de que a dificuldade de um problema não está diretamente relacionada à operação requisitada para a sua solução. É comum considerar-se que problemas aditivos são mais simples para o aluno do que aqueles que envolvem subtração.

Mas a análise de determinadas situações pode mostrar o contrário:
– Carlos deu 5 figurinhas a José e ainda ficou com 8 figurinhas. Quantas figurinhas Carlos tinha inicialmente?
– Pedro tinha 9 figurinhas. Ele deu 5 figurinhas a Paulo. Com quantas figurinhas ele ficou?

O primeiro problema, que é resolvido por uma adição, em geral se apresenta como mais difícil do que o segundo, que frequentemente é resolvido por uma subtração.

---

[69] As situações que aparecem como exemplos neste texto têm apenas a função de evidenciar os aspectos fundamentais e as diferenças existentes entre os significados das operações. No trabalho escolar, elas devem estar incorporadas a outras, mais ricas, contextualizadas, que possibilitem interpretação, análise, descoberta e verificação de estratégias.

Pelo aspecto do cálculo, adição e subtração também estão intimamente relacionadas. Para calcular mentalmente 40 - 26, alguns alunos recorrem ao procedimento subtrativo de decompor o número 26 e subtrair primeiro 20 e depois 6; outros pensam em um número que devem juntar a 26 para se obter 40, recorrendo neste caso a um procedimento aditivo.

A construção dos diferentes significados leva tempo e ocorre pela descoberta de diferentes procedimentos de solução. Assim, o estudo da adição e da subtração deve ser proposto ao longo dos dois ciclos, juntamente com o estudo dos números e com o desenvolvimento dos procedimentos de cálculo, em função das dificuldades lógicas, específicas a cada tipo de problema, e dos procedimentos de solução de que os alunos dispõem.

Na sequência, os Parâmetros Curriculares Nacionais trazem vários exemplos de problemas do campo aditivo.

Dentre as situações que envolvem adição e subtração a serem exploradas nesses dois ciclos, podem-se destacar, para efeito de análise e sem qualquer hierarquização, quatro grupos:

Num primeiro grupo, estão as situações associadas à ideia de compor dois estados para obter um terceiro, mais comumente identificada como ação de "juntar".

Exemplo:

– Em uma classe há 15 meninos e 13 meninas. Quantas crianças há nessa classe?

A partir dessa situação é possível formular outras duas, mudando-se a pergunta. As novas situações são comumente identificadas como ações de "separar/tirar". Exemplos:

– Em uma classe há alguns meninos e 13 meninas; no total são 28 alunos. Quantos meninos há nessa classe?

– Em uma classe de 28 alunos, 15 são meninos. Quantas são as meninas?

Num segundo grupo, estão as situações ligadas à ideia de transformação, ou seja, alteração de um estado inicial, que pode ser positiva ou negativa.

Exemplos:

– Paulo tinha 20 figurinhas. Ele ganhou 15 figurinhas num jogo. Quantas figurinhas ele tem agora? (transformação positiva)

– Pedro tinha 37 figurinhas. Ele perdeu 12 num jogo. Quantas figurinhas ele tem agora? (transformação negativa)

Cada uma dessas situações pode gerar outras:

– Paulo tinha algumas figurinhas, ganhou 12 no jogo e ficou com 20. Quantas figurinhas ele possuía?

– Paulo tinha 20 figurinhas, ganhou algumas e ficou com 27. Quantas figurinhas ele ganhou?

– No início de um jogo, Pedro tinha algumas figurinhas. No decorrer do jogo ele perdeu 20 e terminou o jogo com 7 figurinhas. Quantas figurinhas ele possuía no início do jogo?

– No início de um jogo Pedro tinha 20 figurinhas. Ele terminou o jogo com 8 figurinhas. O que aconteceu no decorrer do jogo?

Num terceiro grupo, estão as situações ligadas à ideia de comparação.

Exemplo:

– No final de um jogo, Paulo e Carlos conferiram suas figurinhas. Paulo tinha 20 e Carlos tinha 10 a mais que Paulo. Quantas eram as figurinhas de Carlos?

Se alterarmos a formulação do problema e a proposição da pergunta, incorporando ora dados *positivos, ora dados negativos, podem-se gerar várias outras situações:*

– Paulo e Carlos conferiram suas figurinhas. Paulo tem 12 e Carlos, 7. Quantas figurinhas Carlos deve ganhar para ter o mesmo número que Paulo?

– Paulo tem 20 figurinhas. Carlos tem 7 figurinhas a menos que Paulo. Quantas figurinhas tem Carlos?

Num quarto grupo, estão as situações que supõem a compreensão de mais de uma transformação (positiva ou negativa).

Exemplo:

– No início de uma partida, Ricardo tinha um certo número de pontos. No decorrer do jogo ele ganhou 10 pontos e, em seguida, ganhou 25 pontos. O que aconteceu com seus pontos no final do jogo?

Também neste caso as variações positivas e negativas podem levar a novas situações:

– No início de uma partida, Ricardo tinha um certo número de pontos. No decorrer do jogo ele perdeu 20 pontos e ganhou 7 pontos. O que aconteceu com seus pontos no final do jogo?

Ricardo iniciou uma partida com 15 pontos de desvantagem. Ele terminou o jogo com 30 pontos de vantagem. O que aconteceu durante o jogo?

O documento ressalta ainda que, embora todas as situações façam parte do campo aditivo, elas colocam em evidência níveis diferentes de complexidade. E chama atenção para o fato de que, no início da aprendizagem escolar, os alunos ainda não dispõem de conhecimentos e competências para resolver todas elas, necessitando de uma ampla experiência com situações-problema que os levem a desenvolver raciocínios mais complexos, por meio de tentativas, explorações e reflexões.

O campo multiplicativo

Vergnaud também destaca em seu trabalho a análise das relações multiplicativas, evidenciando vários tipos de situações e várias classes de problemas. É importante distinguir tais classes e analisá-las cuidadosamente, ajudando a criança a reconhecer as diferentes estruturas de problemas e a encontrar os procedimentos apropriados para sua solução. Para Vergnaud, a classificação hierárquica dos problemas de multiplicação e divisão deve servir como instrumento de estudo da complexidade cognitiva crescente desse campo.[70]

Franchi, pesquisadora brasileira que estudou esse assunto, afirma que o campo conceitual das estruturas multiplicativas é, ao mesmo tempo, o conjunto das situações cujo tratamento envolve uma ou mais multiplicações ou divisões e o conjunto de conceitos e teoremas que permitem analisar essas situações, descritos anteriormente.[71]

Como no caso do campo aditivo, os Parâmetros Curriculares Nacionais para o Ensino Fundamental (anos iniciais) também trazem orientações baseadas nas contribuições de Vergnaud para o caso do campo multiplicativo. É o que podemos observar no excerto a seguir:

Multiplicação e divisão: significados

> *Uma abordagem frequente no trabalho com a multiplicação é o estabelecimento de uma relação entre ela e a adição. Nesse caso, a multiplicação é apresentada como um caso particular da adição porque as parcelas envolvidas são todas iguais.*
>
> *Por exemplo:*
> *— Tenho que tomar 4 comprimidos por dia, durante 5 dias. Quantos comprimidos preciso comprar?*

---
[70] VERGNAUD, 1994.
[71] FRANCHI, 1999.

A essa situação associa-se a escrita 5 × 4, na qual o 4 é interpretado como o número que se repete e o 5 como o número que indica a quantidade de repetições.

Ou seja, tal escrita apresenta-se como uma forma abreviada da escrita

4 + 4 + 4 + 4 + 4.

A partir dessa interpretação, definem-se papéis diferentes para o multiplicando (o número que se repete) e para o multiplicador (o número de repetições), não sendo possível tomar um pelo outro. No exemplo dado, não se pode tomar o número de comprimidos pelo número de dias. Saber distinguir o valor que se repete do número de repetições é um aspecto importante para a resolução de situações como esta.

No entanto, essa abordagem não é suficiente para que os alunos compreendam e resolvam outras situações relacionadas à multiplicação, mas apenas aquelas que são essencialmente situações aditivas. Além disso, ela provoca uma ambiguidade em relação à comutatividade da multiplicação.

Embora, matematicamente, a × b = b × a, no contexto de situações como a que foi analisada (dos comprimidos) isso não ocorre.

Assim como no caso da adição e da subtração, destaca-se a importância de um trabalho conjunto de problemas que explorem a multiplicação e a divisão, uma vez que há estreitas conexões entre as situações que os envolvem e a necessidade de trabalhar essas operações com base em um campo mais amplo de significados do que tem sido usualmente realizado.

Dentre as situações relacionadas à multiplicação e à divisão a serem exploradas nestes dois ciclos, podem-se destacar, para efeito de análise e sem qualquer hierarquização, quatro grupos:

Num primeiro grupo, estão as situações associadas ao que se poderia denominar multiplicação comparativa.

Exemplos:

— Pedro tem R$ 5,00 e Lia tem o dobro dessa quantia. Quanto tem Lia?

— Marta tem 4 selos e João tem 5 vezes mais selos que ela. Quantos selos tem João?

A partir dessas situações de multiplicação comparativa é possível formular situações que envolvem a divisão.

Exemplo:

— Lia tem R$ 10,00. Sabendo que ela tem o dobro da quantia de Pedro, quanto tem Pedro?

Num segundo grupo, estão as situações associadas à comparação entre razões, que, portanto, envolvem a ideia de proporcionalidade.

Os problemas que envolvem essa ideia são muito frequentes nas situações cotidianas e, por isso, são mais bem compreendidos pelos alunos.

Exemplos:

— Marta vai comprar 3 pacotes de chocolate. Cada pacote custa R$ 8,00. Quanto ela vai pagar pelos 3 pacotes? (A ideia de proporcionalidade está presente: 1 está para 8, assim como 3 está para 24.)

— Dois abacaxis custam R$ 2,50. Quanto pagarei por 4 desses abacaxis? (Situação em que o aluno deve perceber que comprará o dobro de abacaxis e deverá pagar — se não houver desconto — o dobro, R$ 5,00, não sendo necessário achar o preço de um abacaxi para depois calcular o de 4.)

A partir dessas situações de proporcionalidade, é possível formular outras que vão conferir significados à divisão, associadas às ações "repartir (igualmente)" e "determinar quanto cabe".

Exemplos associados ao primeiro problema:

— Marta pagou R$ 24,00 por 3 pacotes de chocolate. Quanto custou cada pacote? (A quantia em dinheiro será repartida igualmente em 3 partes e o que se procura é o valor de uma parte.)

— Marta gastou R$ 24,00 na compra de pacotes de chocolate que custavam R$ 3,00 cada um. Quantos pacotes de chocolate ela comprou? (Procuram-se verificar quantas vezes 3 cabe em 24, ou seja, identifica-se a quantidade de partes.)

Num terceiro grupo, estão as situações associadas à configuração retangular.

Exemplos:

— Num pequeno auditório, as cadeiras estão dispostas em 7 fileiras e 8 colunas. Quantas cadeiras há no auditório?

— Qual é a área de um retângulo cujos lados medem 6 cm por 9 cm?

Nesse caso, a associação entre a multiplicação e a divisão é estabelecida por situações como:

— As 56 cadeiras de um auditório estão dispostas em fileiras e colunas. Se são 7 as fileiras, quantas são as colunas?

— A área de uma figura retangular é de 54 cm^2. Se um dos lados mede 6 cm, quanto mede o outro lado?

Num quarto grupo, estão as situações associadas à ideia de combinatória.

Exemplo:

— Tendo 2 saias, uma preta (P) e uma branca (B), e 3 blusas, uma rosa (R), uma azul (A) e uma cinza (C), de quantas maneiras diferentes posso me vestir?

Analisando-se esse problema, vê-se que a resposta à questão formulada depende das combinações possíveis; os alunos podem obter a resposta, num primeiro momento, fazendo desenhos, diagramas de árvore, até esgotar as possibilidades:

(P, R), (P, A), (P, C), (B, R), (B, A), (B, C):

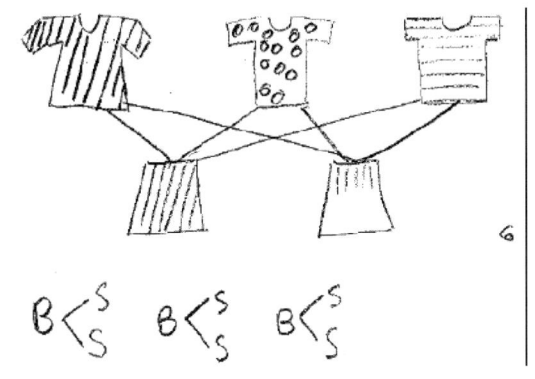

Figura 15. Aqui, observa-se a resolução de uma criança com um desenho e um esquema em que B representa blusa e S representa saia, chegando ao total de 6 combinações.

Esse resultado que se traduz pelo número de combinações possíveis entre os termos iniciais evidencia um conceito matemático importante, que é o de produto cartesiano.

Note-se que por essa interpretação não se diferenciam os termos iniciais, sendo compatível a interpretação da operação com sua representação escrita. Combinar saias com blusas é o mesmo que combinar blusas com saias e isso pode ser expresso por $2 \times 3 = 3 \times 2$.

A ideia de combinação também está presente em situações relacionadas com a divisão:

— Numa festa, foi possível formar 12 casais diferentes para dançar. Se havia 3 moças e todos os presentes dançaram, quantos eram os rapazes?

Os alunos costumam solucionar esse tipo de problema por meio de tentativas apoiadas em procedimentos multiplicativos, muitas vezes representando graficamente o seguinte raciocínio:

— Um rapaz e 3 moças formam 3 pares.
— Dois rapazes e 3 moças formam 6 pares.

— *Três rapazes e 3 moças formam 9 pares.*
— *Quatro rapazes e 3 moças formam 12 pares.*

Levando-se em conta tais considerações, pode-se concluir que os problemas cumprem um importante papel no sentido de propiciar as oportunidades para as crianças, do primeiro e segundo ciclos, interagirem com os diferentes significados das operações, levando-as a reconhecer que um mesmo problema pode ser resolvido por diferentes operações, assim como uma mesma operação pode estar associada a diferentes problemas.

Contribuições de Cecília Parra e Irma Saiz

Para Cecília Parra e Irma Saiz[72], o cálculo mental é um conjunto de procedimentos em que, uma vez analisados os dados a serem tratados, estes se articulam, sem recorrer a um algoritmo preestabelecido para obter resultados exatos ou aproximados. Os procedimentos de cálculo mental se apoiam nas propriedades do sistema de numeração decimal e nas propriedades das operações, e colocam em ação diferentes tipos de escrita numérica, assim como diferentes relações entre os números.

As duas autoras salientam a importância do cálculo mental na escola primária e descrevem as hipóteses didáticas:

1. As aprendizagens no terreno do cálculo mental influenciam na capacidade de resolver problemas. É frente a um problema que os alunos constroem uma representação das relações que há entre os dados e da forma como, trabalhando com esses

---
[72] PARRA, 1996.

dados, poderão obter novas informações que respondam a uma pergunta já formulada ou formulável por eles mesmos. Os educandos precisam estabelecer relações e tirar conclusões a partir delas. O educador precisa propor atividades que levem os educandos a "raciocinar" acerca dos cálculos, analisando o que cada proposta influi sobre suas capacidades para resolver problemas, além de permitir que avancem em direção a aprendizagens matemáticas mais complexas.

2. O cálculo mental aumenta o conhecimento no campo numérico. As atividades de cálculo mental propõem o cálculo como objetivo de reflexão, favorecendo o surgimento e o tratamento de relações estritamente matemáticas. Além de usar algoritmos e produzir resultados numéricos, os educandos podem estabelecer relações, tirar conclusões, fundamentar, provar o que se afirma de diversas maneiras, reconhecer as situações em que algo não funciona e estabelecer os limites de validade dos resultados que encontraram.

3. O trabalho de cálculo mental habilita o educando para uma maneira de construção do conhecimento que, a nosso entender, favorece uma melhor relação desse aluno com a matemática. O desafio central da didática da matemática é que os alunos possam articular o que sabem com o que têm que aprender. Os aprendizes devem buscar os procedimentos que lhes pareçam mais úteis e articulá-los com as situações de trabalho que lhes são propostas. O cálculo mental é uma forma pessoal de relação com o conhecimento que o facilita e o favorece, eliminando a retórica de uma disciplina difícil e sem sentido.

4. O trabalho de cálculo pensado deve ser acompanhado de um aumento progressivo do cálculo automático. Neste sentido, o cálculo mental, que é uma via de acesso ao algoritmo, é ao mesmo tempo uma ferramenta de controle, pois determinado nível de cálculo, considerado agora mais fácil, deve ter-se tornado automático.

Cada aluno tem o seu ritmo. Alguns são mais rápidos do que outros; quando se trata de uma turma de jovens e adultos, a heterogeneidade aumenta. Cada aluno pode agir de maneira diferente para resolver um problema específico de cálculo, e deve-se levar em consideração o que cada um sabe e do que dispõe para buscar um procedimento eficaz. A aprendizagem acontece quando há a compreensão, mesmo que para uma mesma operação determinados cálculos sejam mais simples do que outros. O desafio do educador é entender cada aluno, propor atividades e perceber a cada aula o avanço dos educandos. Para isso, ele precisa ter bem claro quais são os conhecimentos disponíveis para um grupo de alunos e os métodos que irá utilizar, a fim de haver a construção e a aquisição de novos conhecimentos.

Antigamente, o cálculo mental não era valorizado no currículo. Nos dias de hoje, é dada prioridade ao trabalho oral e prático. Antecipadamente são aprofundados os conhecimentos que os alunos já possuem para depois formalizar, sempre desenvolvendo atividades em equipe, por meio de círculos de debates e cooperação. É importante o professor diagnosticar o nível de domínio dos alunos para iniciar o seu trabalho a partir daí, propondo atividades desafiadoras.

É necessário preparar os alunos, principalmente quando se trata de jovens e adultos, para enfrentarem a concorrência e o mercado de trabalho, cuja disputa está cada vez mais acirrada. Eles precisam aprender, ao longo da sua caminhada, a utilizar os instrumentos de cálculo, como o ábaco e a calculadora, a utilizar a trena ou a régua para desenvolver medidas, ao mesmo tempo em que empregam estratégias próprias de cálculo mental para resolver problemas simples, que envolvem números e as quatro operações básicas de adição, subtração, multiplicação e divisão. Ou seja, saber relacionar, fazer equivalência e cálculos aproximados para situações que surgem no cotidiano de cada um.

Na maioria das vezes, observamos que os alunos constroem registros escritos para demonstrar seus procedimentos de cálculo mental e que o domínio desses registros pode ser a base para a compreensão de técnicas operatórias ensinadas na escola e, também, para o cálculo escrito.

Ao analisar os registros dos alunos, podemos observar que, em alguns casos, eles recorrem à decomposição de um dos termos e à propriedade distributiva para encontrar o resultado. Com isso, é possível fazer que ele verifique que existe outra forma de decomposição do número para obter o mesmo resultado.

Os Parâmetros Curriculares Nacionais de matemática para o Ensino Fundamental afirmam:

> *Assim como outros procedimentos de cálculo, as técnicas operatórias usualmente ensinadas na escola também apoiam-se nas regras do sistema de numeração decimal e na existência de propriedades e regularidades presentes nas operações. Porém, muitos dos erros cometidos pelos alunos são provenientes da não disponibilidade desses conhecimentos ou do não reconhecimento de sua presença no cálculo. Isso acontece, provavelmente, porque não se exploram os registros pessoais dos alunos, que são formas intermediárias para se chegar ao registro das técnicas usuais.*[73]

---
[73] BRASIL, 1997.

E, no que se refere à multiplicação:

A explicitação de que a propriedade distributiva da multiplicação em relação à adição é a base da técnica operatória da multiplicação dá o apoio necessário ao entendimento da técnica.[74]

Contribuição de algumas pesquisas brasileiras

No Brasil, diferentes dissertações e teses têm sido realizadas sobre o tema. Vamos destacar algumas delas. Em 2001, Wanda Silva Rodrigues apresentou o trabalho intitulado *Base dez: o grande tesouro matemático e sua aparente simplicidade*[75]. No estudo, a pesquisadora buscou identificar a trajetória da construção das escritas numéricas e de seu uso, ao longo do Ensino Fundamental, tendo como finalidade contribuir para a elaboração de propostas didáticas mais consistentes, que levassem em conta conhecimentos prévios dos alunos e alguns obstáculos que se interpõem nessa trajetória.

Rodrigues partiu de uma análise histórica da construção de sistemas de numeração e das escritas numéricas em diferentes civilizações, evidenciando a base 10 como um grande tesouro matemático. Resgatou também a história do ensino do sistema de numeração nas séries iniciais do Ensino Fundamental nas últimas décadas. Buscou fontes de sustentação em investigações de pesquisadores que realizaram estudos sobre a construção das escritas numéricas, mostrando, por exemplo, que o processo de construção das ideias e procedimentos envolvidos nos agrupamentos e trocas na base 10 levou muito mais

---
[74] Ibidem.
[75] RODRIGUES, 2001.

tempo para ser realizado do que se possa imaginar. Com base nas respostas de alunos da Educação Infantil e de diferentes etapas do Ensino Fundamental, analisou relações entre conhecimentos escolares e conhecimentos construídos socialmente pelos alunos. Mostrou que o processo de evolução desses conhecimentos não ocorre de forma linear e destacou a necessidade de um trabalho consistente em relação à produção de escritas numéricas para o cálculo escrito e mental e para a resolução de problemas que envolvem números naturais e números racionais representados na forma decimal.

Em 2007, a pesquisadora Icléa Maria Bonaldo realizou *Investigações sobre números naturais e processos de ensino e aprendizagem desse tema no início da escolaridade*[76]. O objetivo era investigar o ensino e a aprendizagem de números naturais, buscando identificar semelhanças e diferenças entre os resultados e indicações de pesquisas sobre a construção do conceito de números pelas crianças. Bonaldo analisou as contribuições de Piaget, Kamii, Fayol, Lerner e Sadovsky e as implicações que essas pesquisas trouxeram, e trazem, para o trabalho em sala de aula, especialmente no primeiro ano do ensino fundamental.

Para realizar esse estudo, a autora primeiramente fez um levantamento bibliográfico e analisou documentos curriculares oficiais e cadernos de alunos. Organizou um questionário que foi respondido por doze professores, coletando dados que possibilitassem realizar um estudo diagnóstico nas turmas do ano inicial do Ensino Fundamental de três escolas públicas estaduais. O trabalho trouxe contribuições para observarmos como as diretrizes presentes nos documentos oficiais são traduzidas na prática dos professores em sala de aula.

---

[76] BONALDO, 2007.

A pesquisadora conclui que a prática se realiza mediante um rol bastante desconexo de atividades. Não identificou atividades que tivessem como propósito o trabalho com seriação e classificação que marcou as propostas da década de 1970, tampouco atividades que estimulassem a percepção da função social dos números, conforme apontam orientações mais recentes. Com relação às escritas numéricas, as propostas se restringem à cópia da sequência numérica, sem qualquer preocupação em trabalhar com hipóteses das crianças, nem com a observação de regularidades dessas escritas.

Entre 2006 e 2007, desenvolvemos pesquisas com grupos de professoras em processos de formação, especificamente sobre a questão dos números e do sistema de numeração decimal. Publiquei alguns resultados da pesquisa no artigo "Descobertas de professoras sobre o universo numérico das crianças: a construção de saberes por meio de pesquisas realizadas com seus alunos"[77]. Analisamos experiências e reflexões de um grupo de professoras a respeito das hipóteses e ideias de seus alunos sobre as escritas numéricas, e da forma como fizeram uso desses conhecimentos para o trabalho em sala de aula. Como resultados, destacamos que a tarefa de construção dos números tem resultados muito interessantes a partir do momento em que as professoras passam a se envolver com as produções e ideias das crianças e a usá-las para que elas as ampliem.

Experiências como essas, reunindo pequenos grupos de professoras, puderam ser realizadas em maior escala, em alguns projetos. Um deles foi desenvolvido a convite do Instituto Abaporu de Educação e Cultura, e constituiu-se como um Programa de Formação de Professores em Educação Matemática – Profemat

---
[77] PIRES, 2008.

–, que foi desenvolvido junto a professores dos cinco anos iniciais do Fundamental no estado do Acre, de 2009 a 2012. Publiquei alguns resultados sobre a implementação desse projeto num artigo intitulado "Educação matemática nas escolas dos povos da floresta: formação de professores dos anos iniciais"[78].

No projeto, as propostas de trabalho com os números basearam-se nos resultados das pesquisas mais recentes. A utilização dessas propostas pelos professores vem trazendo bons resultados, ao se colocar o foco nas experiências reais das crianças com os números.

---

[78] PIRES e DUTOIT, 2011.

Capítulo 5

Como ensinar os números naturais e as operações?

Nos dois primeiros capítulos deste livro contamos algumas histórias sobre a criação dos números e da numeração. Além disso, recuperamos algumas abordagens didáticas dos números naturais e das operações ao longo do tempo.

Nos dois capítulos subsequentes, analisamos conceitos e procedimentos matemáticos que envolvem números e operações, bem como pesquisas que são referências para o ensino e a aprendizagem de números e operações.

Neste capítulo, em função desse estudo, podemos trazer a reflexão sobre como ensinar números e operações às crianças dos anos iniciais do Ensino Fundamental.

Consideramos que a construção de um percurso de aprendizagem é um processo que inclui três momentos especiais:

1. A definição das expectativas de aprendizagem que se pretende que os alunos construam.

2. A consideração de hipóteses sobre as potencialidades e os desafios inerentes às idades dos alunos na construção desses conhecimentos.

3. Um plano de atividades que, hipoteticamente, sejam interessantes e potencialmente ricas para possibilitar aos alunos a construção das expectativas esperadas.

Assim, pautaremos nossas reflexões orientando-nos por esses momentos.

Definição de expectativas de aprendizagem

O que se espera que os alunos dos anos iniciais aprendam em relação aos números naturais? Embora a resposta a essa questão não seja única, o fato é que há mais consensos do que divergências em torno do assunto. Apresentamos, a seguir, um conjunto de expectativas de aprendizagem que são frequentemente citadas em documentos curriculares.

Relativamente aos números naturais e ao sistema de numeração decimal, as expectativas de aprendizagem são assim formuladas:

	Números naturais e sistema de numeração decimal
Primeiro ano	Reconhecer a utilização de números no seu contexto diário.
	Formular hipóteses sobre escritas numéricas relativas a números familiares como a idade, o número da casa etc.
	Identificar escritas numéricas relativas a números frequentes como os dias do mês, o ano etc.
	Formular hipóteses sobre a leitura e a escrita de números frequentes no seu contexto doméstico.
	Realizar a contagem de objetos (em coleções móveis ou fixas) pelo uso da sequência numérica (oral).
	Fazer contagens orais em escala ascendente (do menor para o maior) e descendente (do maior para o menor), contando de um em um.
	Construir procedimentos de como formar pares e agrupar, para facilitar a contagem e a comparação entre duas coleções.
	Construir procedimentos para comparar a quantidade de objetos de duas coleções, identificando a que tem mais e a que tem menos, ou se têm a mesma quantidade de itens.
	Produzir escritas numéricas de números familiares e frequentes pela identificação de regularidades.

	Números naturais e sistema de numeração decimal
Segundo ano	Utilizar números para expressar quantidades de elementos de uma coleção.
	Utilizar números para expressar a ordem dos elementos de uma coleção ou sequência.
	Utilizar números na função de código, para identificar linhas de ônibus, telefones, placas de carros, registros de identidade.
	Utilizar diferentes estratégias para quantificar elementos de uma coleção: contagem, formação de pares, agrupamentos e estimativas.
	Contar em escalas ascendentes e descendentes de 1 em 1, de 2 em 2, de 5 em 5, de 10 em 10 etc.
	Formular hipóteses sobre a grandeza numérica, pela identificação da quantidade de algarismos que compõem sua escrita e/ou pela identificação da posição ocupada pelos algarismos que compõem sua escrita.
	Produzir escritas numéricas, identificando regularidades e regras do sistema de numeração decimal.
	Utilizar a calculadora para produzir escritas de números que são ditados.
Terceiro ano	Ler e escrever números pela compreensão das características do sistema de numeração decimal.
	Comparar e ordenar números (em ordem crescente e decrescente).
	Resolver situações-problema que envolvam relações entre números, tais como: ser maior que, ser menor que, estar entre, ter mais 1, ter mais 2, ser o dobro, ser a metade.
	Contar em escalas ascendentes e descendentes a partir de qualquer número dado.
	Utilizar a calculadora para produzir e comparar escritas numéricas.

Números naturais e sistema de numeração decimal	
Quarto ano	Reconhecer e utilizar números naturais no contexto diário.
	Compreender e utilizar as regras do sistema de numeração decimal, para leitura, escrita, comparação e ordenação de números naturais.
	Contar em escalas ascendentes e descendentes a partir de qualquer número natural dado.
	Resolver situações-problema em que é necessário fazer estimativas ou arredondamentos de números naturais (cálculos aproximados).
Quinto ano	Compreender e utilizar as regras do sistema de numeração decimal, para leitura e escrita, comparação, ordenação e arredondamento de números naturais de qualquer ordem de grandeza.

Planejamento de atividades para atingir as expectativas

Para atingir essas expectativas de aprendizagem – que, como podemos observar, levam em conta na sua formulação os estudos mencionados anteriormente –, é fundamental a criação de um ambiente alfabetizador matemático, privilegiando-se as situações de aprendizagem em que o estudo dos números seja uma continuação das experiências numéricas que as crianças vivenciam em seu cotidiano.

Análise da função social dos números

Como vimos nas pesquisas mais recentes, é importante envolver as crianças na discussão de perguntas como "Para que servem os números?" ou "Que números fazem parte da nossa vida?". A discussão se desdobra em atividades motivadas por problematizações do tipo:

— Quantos anos você tem?

— Você tem irmãos? Quantos?
— Qual é o número de sua casa ou apartamento?
— Como é a numeração das casas na sua rua?
— Que números de telefone você conhece?
— Você sabe qual é o CEP de sua residência?
— Você já observou os números que aparecem nas placas de carros?
— Que números utilizamos para indicar os dias do mês?

É também interessante nos anos iniciais a exploração dos números em brincadeiras que utilizem a cantilena numérica, como as rodas infantis e os jogos que favorecem a reflexão sobre a sequência numérica, a exemplo da amarelinha.

Em variadas atividades propostas aos alunos, o professor pode aos poucos observar e registrar quais são os números familiares a eles e quais são os de uso frequente em seu cotidiano, possibilitando que as crianças se apoiem em conhecimentos prévios para ampliar suas competências numéricas.

Introdução de problemas para usar números

As crianças progridem em suas reflexões sobre os números quando são colocadas frente a situações-problema em que precisam utilizá-los. Ainda não estamos nos referindo a problemas que envolvem as chamadas "quatro operações", mas a situações-problema como, por exemplo, aquelas em que as crianças precisam:

- comparar duas coleções, do ponto de vista da quantidade;

- organizar uma coleção que deve ter tantos elementos quanto outra coleção dada;

- registrar dados (número de pontos obtidos num jogo) em uma certa ordem (crescente ou decrescente);

- identificar quantas casas é preciso avançar ou retroceder para chegar a uma determinada casa, em jogo de deslocamento sobre uma pista graduada (em tabuleiro);

- antecipar o número de objetos que será obtido, caso os objetos de duas coleções sejam reunidos;

- antecipar o número de objetos que é preciso acrescentar a uma delas, para que tenha tantos elementos quanto a outra;

- indicar o número de objetos necessários para estabelecer relações do tipo 2 para 1, ou 3 para 1;

- repartir uma coleção em subcoleções que tenham um certo número de objetos.

A prática da contagem

Sabemos que as crianças, mesmo antes de chegarem à escola, constroem conhecimentos sobre a sequência numérica oral que dependem de uma série de fatores e, consequentemente, não são iguais para todas as crianças de uma classe.

É possível observar diferenças na extensão do intervalo numérico conhecido, mas também em outros aspectos: algumas só "sabem contar" a partir do 1 e outras "sabem contar" a partir de outro número dado.

Ao recitarem a sequência, muitas crianças nos mostram o que conhecem sobre sua organização. Algumas dizem, por exemplo, "nove", "dez", "dez e um", "dez e dois". Mesmo não sabendo falar "onze", "doze", sabem indicar a lógica sequência numérica oral, sem pular nenhum número.

É frequente terem dúvidas na passagem do 19 para o 20, do 29 para o 30 e assim por diante, mas, quando o professor faz uma intervenção, na sequência a criança completa "vinte e um", "vinte e dois", "vinte e três"...

No entanto, sabemos que recitar a sequência numérica não significa saber contar elementos de uma coleção. Para isso, ela precisa atribuir a cada objeto (ou desenho dele) um único nome de um número, obedecendo à ordem numérica. É comum observar que algumas crianças apontam um objeto (ou seu desenho) mais rapidamente (ou menos rapidamente) do que pronunciam o nome do número e, desse modo, não fazem a correspondência termo a termo entre o objeto e o número.

Outra fato frequente é aquele em que a criança repete a sequência numérica 1, 2, 3 .... 10 para responder quantos objetos há numa coleção, não reconhecendo ainda que o último número enunciado na contagem corresponde ao total de objetos.

Nas salas de aula dos primeiros anos, o trabalho com coleções pode ser uma estratégia muito eficiente para estimular as contagens. As crianças são convidadas a fazer uma coleção (de tampinhas de refrigerante, por exemplo). Durante uma semana os alunos trazem tampinhas para a escola, que são guardadas em pacotes ou caixas, por cor. A cada dia as crianças contam quantas são as tampinhas de cada cor, comparam as quantidades por cor, fazem estimativas etc. Nesse processo, o professor verifica se as crianças contam de 1 em 1 ou se usam procedimentos de agrupamentos para fazer a contagem, se fazem pareamentos ou se usam grupos com maior quantidade de elementos. Pesquisas mostram que as crianças variam suas estratégias de contagem de modo a se sentir confortáveis nos procedimentos que adotam.

Além das propostas de coleção, outras atividades de contagem precisam ser organizadas, como por exemplo:

- Rodas de contagem em que as crianças tenham a oportunidade de, uma a uma, verbalizar a sequência numérica, com variações: contagens de 1 em 1, contagens de 2 em 2 etc.

- Rodas de contagem em que as crianças tenham a oportunidade de, uma a uma, verbalizar a sequência numérica, ora usando escalas ascendentes (do menor para o maior), ora escalas descendentes (do maior para o menor).

- Tarefas de contagem de objetos presentes na sala de aula, em que seja possível enfileirar, formar pares, trios, pequenos grupos etc.

- Tarefas de contagem de objetos em coleções fixas, como figuras desenhadas numa folha de papel em que seja preciso usar uma estratégia de contagem que não implique mudar a posição dos objetos da coleção.

Estímulos à produção de escritas numéricas

Nos anos iniciais da escolaridade, as atividades de produção de escritas numéricas pelas crianças desempenham papel muito importante.

Por meio de ditados de números, o professor pode observar as revelações das crianças referentes às hipóteses sobre as escritas numéricas. Da mesma forma são excelentes as atividades em que se propõe o uso de calculadora, para que as crianças produzam escritas numéricas.

No sentido de apoiar as crianças no processo de produção de escritas convencionais, um material bastante eficiente são as cartelas sobrepostas. Elas podem ser construídas em cartolina colorida ou branca, da seguinte forma:

1	0	0		2	0	0		3	0	0		4	0	0	
5	0	0		6	0	0		7	0	0		8	0	0	
9	0	0		1	0			2	0			3	0		4	0
5	0		6	0		7	0		8	0		9	0			
1		2		3		4		5		6		7		8		9

Para compor um número indicado pelo professor, como por exemplo 125, as crianças separam as cartelas correspondentes (100; 20; 5) e as sobrepõem, "escondendo os zeros" para obter a escrita convencional.

Podem também ser convidadas a ler números compostos pelas cartelas, como por exemplo:

1	3	2		4	4	4		6	7	5

Observação de regularidades nas escritas numéricas

O uso de quadros numéricos é um excelente recurso didático para que as crianças possam fazer mais observações sobre as regularidades das escritas numéricas, além da que já percebem por seu contato cotidiano com elas.

Assim, por exemplo, um professor pode apresentar a seus alunos um quadro numérico como o representado abaixo:

0	1	2	3	4	5	6	7	8	9
10	11	12	13	14	15	16	17	18	19
20	21	22							29
30	31	32							39
40	41	42							49
50	51	52							59
60	61	62							69
70	71	72							79
80	81	82	83	84	85	86	87	88	89
90	91	92	93	94	95	96	97	98	99

Analisando o quadro, as crianças podem ser convidadas a responder questões, como por exemplo:

- O que há em comum nas escritas dos números, observando as linhas horizontais?
- O que há em comum nas escritas dos números, observando as colunas verticais?
- Que número fica entre 64 e 66?
- Que número fica entre 59 e 61?
- Que número fica entre 38 e 40?
- Que número fica logo antes de 80?
- Que número fica logo depois de 89?

Quadros numéricos podem ser organizados em diferentes etapas da escolaridade, apresentando nível de dificuldade compatível com o grupo de alunos a que se destinam. A título de exemplo, mostramos outro quadro numérico com a proposta de que os alunos descubram que números foram cobertos.

	101	102	103	104	105		107	108	
	111	112	113	114				118	
	121	122	123	124	125		127	128	
130		132				136	137		139
			143	144	145	146			
150		152	153	154	155	156	157		159

Ao preencherem as células do quadro, como as indicadas a seguir, os alunos podem estabelecer relações importantes entre esses números: 106 está entre 105 e 107; abaixo do 106 está o 116 e abaixo dele está o 126; à esquerda do 116 está o 115 e à sua direita está o 117 etc.

105	106	107
115	116	117
125	126	127

Estratégias para escrita e leitura de números quaisquer

Geralmente, a partir do 4º ano do Ensino Fundamental os estudantes podem ser desafiados a fazer a leitura ou a produzir escritas de números de qualquer ordem de grandeza. Para tanto, nesse momento é importante a construção e o uso de quadros de ordens e classes, como o que apresentamos abaixo:

Classes	3ª classe			2ª classe			1ª classe		
	Milhões			Milhares			Unidades		
Ordens	9ª	8ª	7ª	6ª	5ª	4ª	3ª	2ª	1ª
...	...	...	C	D	U	C	D	U	C	D	U
				6	7	1	0	8	1	2	7
					1	9	9	7	9	4	3
						2	0	0	0	0	0

Observando os números registrados nesse quadro, os alunos podem refletir sobre como se lê cada um deles, quantas ordens e quantas classes tem cada um, qual é o maior deles etc.

Operações do campo aditivo

Expectativas de aprendizagem

Relativamente às operações do campo aditivo, as expectativas de aprendizagem são assim formuladas:

	Operações do campo aditivo
Primeiro ano	Indicar o número de objetos que será obtido se duas coleções de objetos forem reunidas (situações-problema de "compor/juntar").
	Indicar o número de objetos que será obtido se forem acrescentados objetos a uma coleção dada.
	Indicar o número de objetos que será obtido se forem retirados objetos de uma coleção dada.
	Indicar o número de objetos que é preciso acrescentar a uma coleção de objetos, para que ela tenha tantos elementos quantos os de outra coleção dada.
Segundo ano	Analisar, interpretar e resolver situações-problema, para compreender alguns dos significados da adição.
	Construir fatos básicos da adição a partir de situações-problema, para constituição de um repertório a ser utilizado no cálculo.
	Utilizar a decomposição das escritas numéricas para a realização de cálculos que envolvem a adição.
	Analisar, interpretar e resolver situações-problema, para compreender alguns dos significados da subtração.
	Construir fatos básicos da subtração a partir de situações-problema, para constituição de um repertório a ser utilizado no cálculo.
	Utilizar a decomposição das escritas numéricas para a realização de cálculos que envolvem a subtração.
	Utilizar sinais convencionais (+, -, =) na escrita de operações de adição e subtração.
Terceiro ano	Analisar, interpretar e resolver situações-problema que envolvem a adição.
	Utilizar a decomposição das escritas numéricas para a realização do cálculo de adições.
	Utilizar uma técnica convencional para calcular o resultado de adições.
	Utilizar estimativas para avaliar a adequação do resultado de uma adição.
	Analisar e validar (ou não) resultados obtidos por estratégias pessoais de cálculo de adição, utilizando a calculadora.

	Operações do campo aditivo
Terceiro ano	Analisar, interpretar e resolver situações-problema que envolvem a subtração.
	Utilizar a decomposição das escritas numéricas para a realização do cálculo de subtrações.
	Utilizar uma técnica convencional para calcular o resultado de subtrações, sem recurso à unidade de ordem superior (sem "empréstimos").
	Utilizar estimativas para avaliar a adequação do resultado de uma subtração.
	Analisar e validar (ou não) resultados obtidos por estratégias pessoais de cálculo de subtração, utilizando a calculadora.
Quarto ano	Analisar, interpretar, formular e resolver situações-problema, compreendendo diferentes significados da adição e da subtração de números naturais.
	Calcular o resultado de adições e subtrações de números naturais por meio de estratégias pessoais e pelo uso de técnicas operatórias convencionais.
	Utilizar estratégias de verificação e controle de resultados pelo uso do cálculo mental e da calculadora.
Quinto ano	Analisar, interpretar, formular e resolver situações-problema, compreendendo diferentes significados da adição e da subtração de números naturais.
	Resolver adições com números naturais, por meio de estratégias pessoais e do uso de técnicas operatórias convencionais, do cálculo mental e da calculadora. Usar estratégias de verificação e controle de resultados pelo uso do cálculo mental ou da calculadora.
	Resolver subtrações com números naturais, por meio de estratégias pessoais e do uso de técnicas operatórias convencionais, do cálculo mental e da calculadora. Usar estratégias de verificação e controle de resultados pelo uso do cálculo mental ou da calculadora.

Atividades para atingir essas expectativas

Para atingir essas expectativas de aprendizagem – que, como podemos observar, também levam em conta na sua formulação os estudos mencionados anteriormente –, em primeiro lugar é importante selecionar e organizar situações-problema que permitam às crianças explorar diferentes significados das operações do campo aditivo. Evidentemente, essa identificação é tarefa do professor e não algo a ser ensinado aos alunos.

As primeiras abordagens feitas especialmente na Educação Infantil e no primeiro ano do Ensino Fundamental podem surgir em situações de brincadeiras ou de tarefas que estejam no ambiente da própria sala de aula, como por exemplo:

— Quantos lápis de cor teremos se juntarmos os da caixa de Ígor com os da caixa de Letícia?

— Há 10 alunos da sala brincando de roda. Agora, outros 5 alunos também querem brincar. Quantos alunos ficarão na roda?

— Na prateleira da sala havia 8 folhas de cartolina azul. Usamos 4 para fazer uma atividade. Quantas ainda sobraram na prateleira?

— Para dançar a quadrilha, 14 meninas e 8 meninos se candidataram. Quantos meninos precisam entrar na brincadeira, se queremos formar pares com uma menina e um menino?

As crianças resolvem esses problemas por meio de estratégias pessoais e também podem fazer registros pessoais, sem necessidade de usar ainda escritas convencionais.

Análise de problemas

Um quesito importante para a resolução de um problema é, sem dúvida, compreender a situação em questão. Desse modo, para as crianças, tão importante como resolver um problema é aprender a analisar, interpretar e resolver situações-problema, compreendendo o que está em jogo.

- Que informações são conhecidas?
- O que se deseja saber?
- As informações são suficientes?
- Há informações que não precisarão ser usadas?
- Que estratégia posso usar?
- A resposta encontrada é válida, faz sentido?

Problemas de composição

Um dos mais significativos dos problemas do campo aditivo é o de composição. Para ilustrar procedimentos de crianças na resolução de problemas desse tipo, apresentamos alguns protocolos cedidos por professores que atuam em uma escola pública estadual de Ensino Fundamental. Essas crianças cursavam o primeiro ou o segundo ano e foram convidadas a resolver os problemas usando procedimentos pessoais (ou seja, a fazer do jeito que soubessem). Para algumas crianças foi feita a leitura em voz alta pela professora. Outras já fizeram a leitura por conta própria.

Em relação ao campo aditivo, nos protocolos 1, 2 e 3, podemos ver registros de soluções de situações-problema de composição feitos por Isabela (6 anos), Guilherme (7 anos) e Caio (7 anos). Eles fazem desenhos para apoiar a contagem e produzem registros numéricos, mas, principalmente, compreendem o que está em jogo nas três situações.

Protocolo 1

NOME: ISABELA MEANO
IDADE: 6
JULIANA GUARDOU NUMA CAIXA 13 TAMPINHAS AZUIS E 19 TAMPINHAS VERMELHAS. QUANTAS TAMPINHAS JULIANA GUARDOU NESSA CAIXA?
RESPOSTA: 32

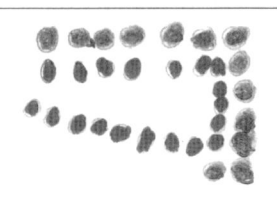

Protocolo 2

NOME: GUILHRME
IDADE: 7
BETO GUARDOU NUMA CAIXA 8 BOLINHAS AZUIS E ALGUMAS BOLINHAS VERDES. FICARAM 19 BOLINHAS NA CAIXA. QUANTAS ERAM AS BOLINHAS AZUIS?

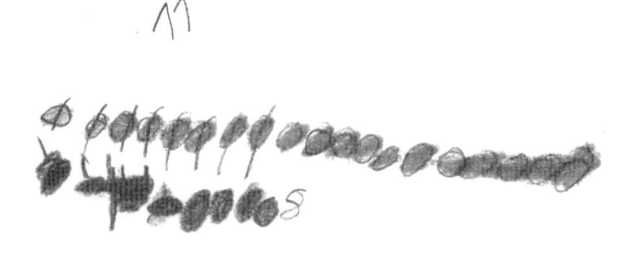

Protocolo 3

NOME: CAIO	
IDADE:	1º ANO A
MATEUS GUARDOU NUMA CAIXA ALGUMAS BOLINHAS VERMELHAS E 12 BOLINHAS AMARELAS. FICARAM 26 BOLINHAS NA CAIXA. QUANTAS ERAM AS BOLINHAS VERMELHAS?	
RESPOSTA: 15	

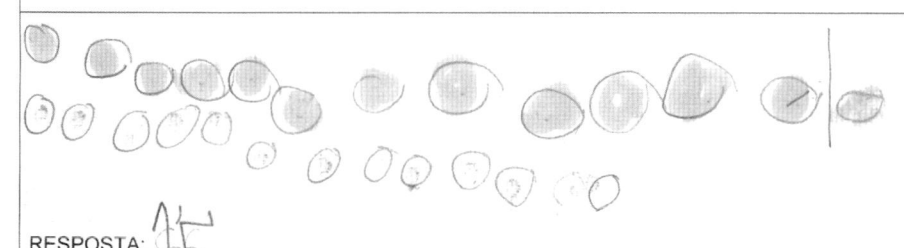

Nos protocolos 4, 5 e 6, visualizamos registros de soluções de situações-problema de transformação feitos por Rafael (7 anos), Maria Eduarda (7 anos) e Sabrina (7 anos). Eles também fazem desenhos para apoiar a contagem, produzem registros numéricos e demonstram compreender as transformações ocorridas nas três situações.

Protocolo 4

NOME: RAFAEL 4A NOA
IDADE: 7
LUÍSA TINHA 28 LÁPIS E GANHOU 7. QUANTOS LÁPIS LUÍSA TEM AGORA?

35

Protocolo 5

NOME: MARIO
IDADE: 7 anos
MILENA TINHA ALGUNS LÁPIS E GANHOU 7. ELA FICOU COM 15 LÁPIS. QUANTOS ERAM OS LÁPIS DE MILENA INICIALMENTE?

7 + 8 = 15   LAPIS 8

Protocolo 6

NOME: SABRINA
IDADE: 7

BIA TINHA 8 LÁPIS E GANHOU ALGUNS NOVOS. ELA FICOU COM 20 LÁPIS. QUANTOS LÁPIS ELA GANHOU?

Os três protocolos seguintes, 7, 8 e 9, referem-se a situações-problema de comparação. Kadyja (7 anos), Kathleen (7 anos) e Kaique (7 anos), mesmo alguns deles fazendo desenhos, já usam escritas numéricas e os desenhos são apresentados mais como justificativa da resposta do que como apoio para chegar à solução.

Protocolo 7

NOME: KADYJA
IDADE: 7

FERNANDA TEM 15 PRESILHAS E LAURA TEM 8. QUEM TEM MAIS PRESILHAS? QUANTAS A MAIS?

Protocolo 8

NOME: KATHLEEN	1º ANO B
IDADE: 7 11/12/2012	
CELINA TEM 7 LÁPIS E CAROL TEM 23. QUEM TEM MENOS LÁPIS? QUANTOS A MENOS?	

$23 - 7 = \boxed{16}$ CELINA $\boxed{16}$

Protocolo 9

NOME: Raquel	
IDADE: 7	
FÁBIO TEM 18 ADESIVOS E LUANA TEM 9. QUANTOS ADESIVOS LUANA PRECISA GANHAR PARA TER A MESMA QUANTIDADE QUE FÁBIO?	

$9 + 9 = 18$

Nos protocolos 10, 11 e 12, vemos a solução de problemas que envolvem composição de transformações. Gabriel (6 anos) usa um registro numérico para indicar a sequência de transformações positivas. Mateus (6 anos) utiliza desenho para fazer contagem e resolver a sequência de transformações negativas. Mariana (7 anos) também usa desenhos para fazer o controle das quantidades e resolver a sequência de transformações negativa e positiva.

Protocolo 10

NOME: GABRIEL
IDADE: 6
NUM JOGO, ANA ESTAVA COM 12 PONTOS. A SEGUIR ELA MARCOU 15 PONTOS E DEPOIS MARCOU 8. COM QUANTOS PONTOS ANA FICOU?

$$12 + 15 + 8 = 35$$

Protocolo 11

NOME: MATEUS
IDADE: 6
NUM JOGO, FERNANDA ESTAVA COM 21 PONTOS. A SEGUIR ELA PERDEU 11 PONTOS E DEPOIS PERDEU 8. COM QUANTOS PONTOS FERNANDA FICOU?

2

Protocolo 12

NOME: MARIANA	1º ANO
IDADE: 7	
NUM JOGO, RYAN ESTAVA COM 22 PONTOS. A SEGUIR ELE PERDEU 9 PONTOS E DEPOIS GANHOU 5 PONTOS. COM QUANTOS PONTOS RYAN FICOU?	

18

REPOTA

Nem todas as crianças dessas turmas chegaram a um resultado adequado como os mostrados nesses protocolos, mas a maioria se mostrou capaz de buscar uma solução. O importante é que, analisando os procedimentos que chegaram à resposta correta e socializando-os com os demais, o professor aos poucos compreende como seus alunos pensam e o que ainda não percebem nas situações, e vai estimulando-os a serem autônomos na resolução de problemas, ponto fundamental para sua educação matemática.

Construção de fatos básicos

Juntamente com a resolução de problemas, é importante ajudar as crianças na sistematização de fatos básicos para o cálculo de adições e de subtrações.

Estamos nos referindo a resultados em que as parcelas são os números de 0 a 9 e que podem ser apresentados num quadro como este:

+	0	1	2	3	4	5	6	7	8	9
0	0	1	2	3	4	5	6	7	8	9
1	1	2	3	4	5	6	7	8	9	10
2	2	3	4	5	6	7	8	9	10	11
3	3	4	5	6	7	8	9	10	11	12
4	4	5	6	7	8	9	10	11	12	13
5	5	6	7	8	9	10	11	12	13	14
6	6	7	8	9	10	11	12	13	14	15
7	7	8	9	10	11	12	13	14	15	16
8	8	9	10	11	12	13	14	15	16	17
9	9	10	11	12	13	14	15	16	17	18

As regularidades dos resultados podem ser exploradas ao mostrar-se, por exemplo, que 1 + 3 = 3 + 1, que 5 + 3 = 3 + 8, que 7 + 4 = 4 + 7 etc.

Jogos como os dominós de adição também podem ser explorados para ajudar os alunos na memorização desses fatos básicos e estimular o cálculo mental.

Quatro crianças, por exemplo, sorteiam peças do dominó e devem colocar, lado a lado, escrita e resultado. Ganha quem conseguir encaixar todas as peças em primeiro lugar. Na figura a seguir, um exemplo de jogo com dezesseis dominós:

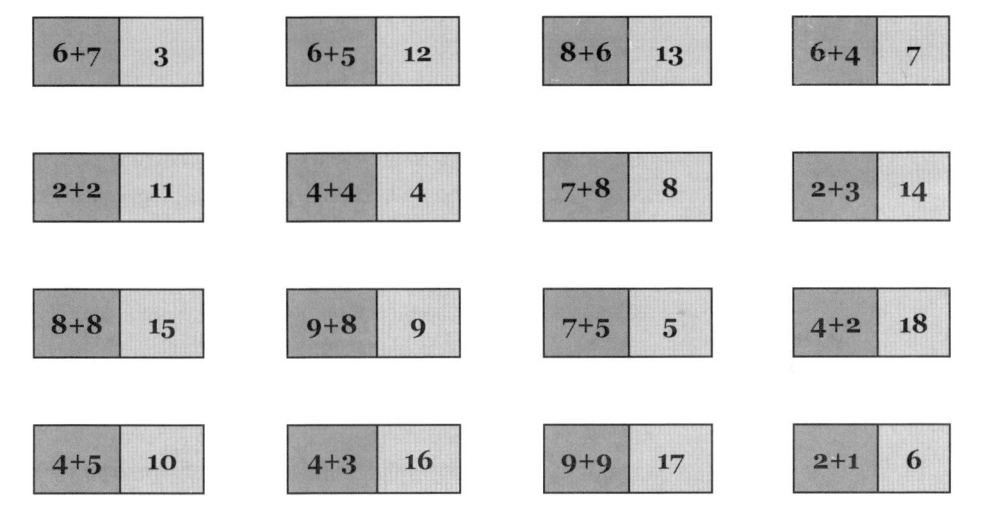

6+7	3		6+5	12		8+6	13		6+4	7
2+2	11		4+4	4		7+8	8		2+3	14
8+8	15		9+8	9		7+5	5		4+2	18
4+5	10		4+3	16		9+9	17		2+1	6

Outra tarefa interessante consiste em propor às crianças que elaborem listagens de escritas aditivas referentes a um mesmo número, como por exemplo:

2	3	4	5	6	7	8	9	10
1+1	1+2	1+3	1+4	1+5	1+6	1+7	1+8	1+9
	2+1	2+2	2+3	2+4	2+5	2+6	2+7	2+8
		3+1	3+2	3+3	3+4	3+5	3+6	3+7
			4+1	4+2	4+3	4+4	4+5	4+6
				5+1	5+2	5+3	5+4	5+5
					6+1	6+2	6+3	6+4
						7+1	7+2	7+3
							8+1	8+2
								9+1

Decomposição das escritas numéricas para realizar o cálculo de adições e subtrações

Antes de explorar os algoritmos convencionais, é importante deixar que as crianças produzam seus registros, explicitando a compreensão que têm do sistema de numeração decimal.

No protocolo abaixo, mostramos a estratégia de uma aluna de 7 anos para realizar o cálculo 84 - 30. Ela decompôs o 84 (8 x 10 + 4) e separou 30. Depois contou o restante (54).

MENINAS   MENINOS
10 10 10 | 10 10 10 10 10 4 = 54

Neste outro protocolo, de um aluno também de 7 anos, podemos observar como ele procede para achar o resultado de 78 + 45, pela decomposição de cada um desses números.

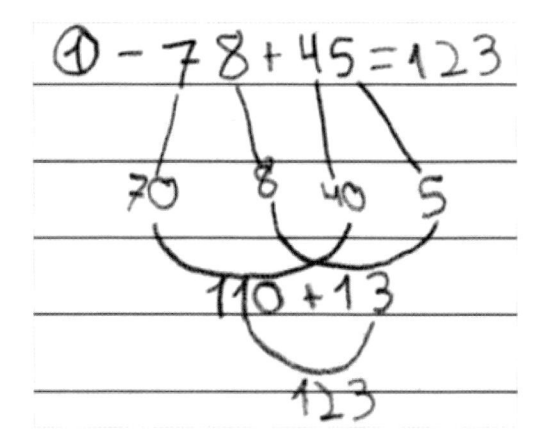

[Manuscrito do aluno:]

① – 78 + 45 = 123
    ↙ ↓ ↓ ↘
    70 8 40 5
         ↓
       110 + 13
         ↓
        123

Esses exemplos mostram que as crianças são capazes de encontrar suas formas de solução e de compreender realmente o que estão fazendo.

Com base nesses conhecimentos é que podemos apresentar a elas outros registros mais convencionais, mas sempre fazendo relação com o que elas já compreendem. Assim, por exemplo, no caso do aluno que resolveu 78 + 45, o professor poderia discutir com ele os registros abaixo:

								1	
	7	0	+	8				7	8
+	4	0	+	5			+	4	5
1	1	0	+	13			1	2	3
		1	2	3					

Operações do campo multiplicativo

Expectativas de aprendizagem

Relativamente às operações do campo multiplicativo, as expectativas de aprendizagem são assim formuladas:

	Operações do campo multiplicativo
Primeiro ano	Compor uma coleção de objetos com duas ou três vezes mais objetos que outra coleção dada.
	Organizar os objetos de uma coleção em partes com o mesmo número de objetos, em situações em que isso for possível.
Segundo ano	Analisar, interpretar e resolver situações-problema, para compreender alguns dos significados da multiplicação; utilizar estratégias pessoais, sem uso de técnicas convencionais.
	Analisar, interpretar e resolver situações-problema, para compreender alguns dos significados da divisão; utilizar estratégias pessoais, sem uso de técnicas convencionais.
Terceiro ano	Analisar, interpretar e resolver situações-problema, para compreender alguns dos significados da multiplicação.
	Calcular resultados de multiplicação, por meio de estratégias pessoais.
	Determinar o resultado da multiplicação de números de 0 a 9 por 2, 3, 4 e 5 em situações-problema; identificar regularidades que permitam sua memorização.
	Utilizar sinais convencionais (+, - , x, : e =) na escrita de operações de multiplicação e divisão.
	Analisar, interpretar, resolver e formular situações-problema, para compreender alguns dos significados da divisão; utilizar estratégias pessoais.
Quarto ano	Analisar, interpretar, formular e resolver situações-problema, para compreender diferentes significados das operações com números naturais.
	Determinar o resultado da multiplicação de números de 0 a 9 por 6, 7, 8 e 9 em situações-problema; identificar regularidades que permitam sua memorização.
	Identificar e utilizar regularidades para multiplicar ou dividir um número por 10, por 100 e por 1000.

	Operações do campo multiplicativo
Quarto ano	Construir fatos básicos da divisão a partir de situações-problema, para constituir um repertório a ser utilizado no cálculo.
	Utilizar a decomposição das escritas numéricas e a propriedade distributiva da multiplicação em relação à adição, para realizar cálculos que envolvem a multiplicação e a divisão.
	Calcular o resultado de operações de números naturais por meio de estratégias pessoais e pelo uso de técnicas operatórias convencionais.
	Utilizar estratégias de verificação e controle de resultados pelo uso do cálculo mental e da calculadora.
Quinto ano	Analisar, interpretar, formular e resolver situações-problema, para compreender diferentes significados das operações com números naturais.
	Resolver multiplicações de números naturais por meio de técnicas operatórias convencionais, cálculo mental e calculadora; usar estratégias de verificação e controle de resultados pelo uso do cálculo mental ou da calculadora.
	Resolver divisões com números naturais, por meio de técnicas operatórias convencionais, cálculo mental e calculadora; usar estratégias de verificação e controle de resultados pelo uso do cálculo mental ou da calculadora.

Atividades para atingir as expectativas

Também no caso do campo multiplicativo, as primeiras abordagens feitas podem surgir em situações de brincadeiras ou de tarefas que estejam no ambiente da própria sala de aula, como por exemplo:

— Em cada caixa de lápis de cor temos 6 lápis. Quantos lápis há em 5 caixas como essas?

— Na nossa sala temos 8 filas de carteiras e em cada uma há 6 carteiras. Quantas são as carteiras?

— Na prateleira da sala há 18 folhas de papel colorido e a professora vai distribuí-las igualmente entre os 6 grupos de alunos. Quantas folhas receberá cada grupo?

As crianças podem resolver problemas como esses por meio de estratégias pessoais. Também podem fazer registros pessoais, sem necessidade de usar ainda escritas convencionais.

Análise de problemas

Em relação ao campo multiplicativo, nos protocolos 13, 14 e 15, vemos que Stephany (8 anos), cursando o segundo ano, usa desenhos para resolver o problema proposto. Também Ângelo (7 anos), aluno do primeiro ano, usa desenho para mostrar o raciocínio que realiza ao dividir igualmente 27 por 3. Giovanna (7 anos), do segundo ano, utiliza uma escrita aditiva e também a escrita multiplicativa para resolver o problema proposto, tendo feito mentalmente o cálculo do preço de um doce (4 reais).

Protocolo 13

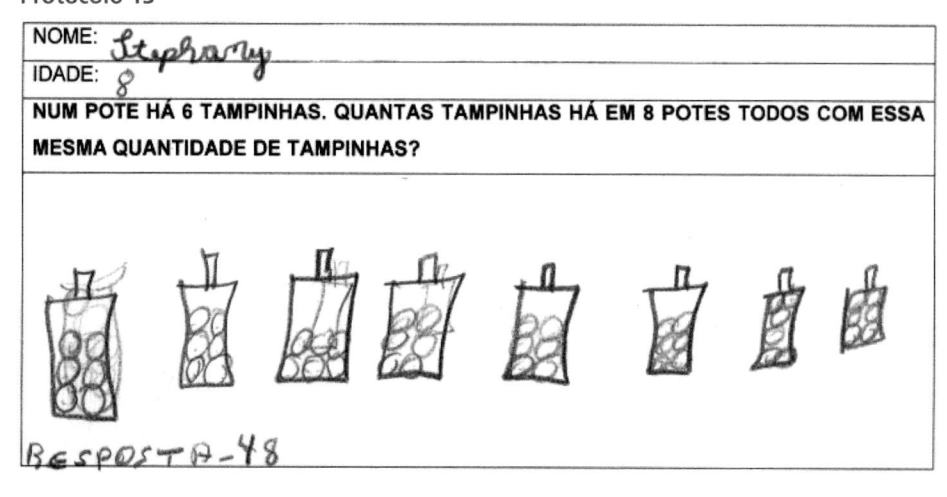

NOME: Stephany
IDADE: 8

NUM POTE HÁ 6 TAMPINHAS. QUANTAS TAMPINHAS HÁ EM 8 POTES TODOS COM ESSA MESMA QUANTIDADE DE TAMPINHAS?

RESPOSTA-48

Protocolo 14

NOME: ANGELO	1º ANO B
IDADE: 7	
JOÃO GUARDOU 27 BALAS EM 3 LATINHAS, COLOCANDO A MESMA QUANTIDADE EM CADA UMA. QUANTAS BALAS COLOCOU EM CADA LATINHA?	

9

Protocolo 15

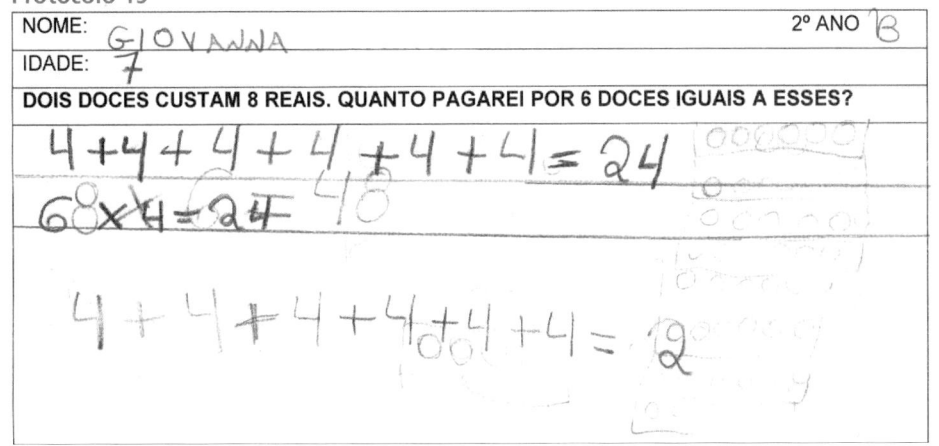

NOME: GIOVANNA	2º ANO B
IDADE: 7	
DOIS DOCES CUSTAM 8 REAIS. QUANTO PAGAREI POR 6 DOCES IGUAIS A ESSES?	

4 + 4 + 4 + 4 + 4 + 4 = 24
6 × 4 = 24

4 + 4 + 4 + 4 + 4 + 4 = 2

    Além dessas, outras situações-problema que envolvam multiplicação comparativa, configuração retangular e combinatória podem ser propostas e resolvidas pelas crianças dos anos iniciais.

Construção de fatos básicos da multiplicação

No caso do campo multiplicativo, também é fundamental que, juntamente com a resolução de problemas, as crianças possam sistematizar fatos básicos para o cálculo de multiplicações e divisões.

Conhecidas como "tabuadas", elas representaram historicamente uma grande barreira para estudantes que não conseguiam decorá-las.

Como fazer, então, para que os estudantes aprendam as tabuadas, o que lhes será muito útil, sem o sofrimento pelos quais provavelmente passaram seus pais e avós?

Uma possibilidade é a exploração das regularidades que aparecem na construção da chamada "Tábua de Pitágoras", nome dado à tabela de dupla entrada na qual são registrados os resultados da multiplicação dos números que ocupam a linha e a coluna principais.

A sugestão de estratégia para o professor é de que desenvolva coletivamente, com os alunos, procedimentos para completá-la, em vez de apresentar a tabela pronta.

Parte 1. O preenchimento da primeira linha e da primeira coluna

Uma primeira discussão com as crianças refere-se ao "funcionamento" da tabela. Quando o espaço (*) é preenchido, indica-se o resultado de 1 × 2; quando o espaço (**) é preenchido, indica-se o resultado de 2 × 1 – dois fatos fundamentais distintos, mas que têm o mesmo resultado.

Em seguida, o professor poderá propor às crianças que discutam os resultados a serem registrados na primeira linha e na primeira coluna da tabela, buscando levá-las a conjecturar que, nos casos analisados, quando um dos fatores é "1", o resultado da multiplicação é igual ao outro fator:

x	1	2	3	4	5	6	7	8	9
1	1	*	3	4	5	6	7	8	9
2	**								
3	3								
4	4								
5	5								
6	6								
7	7								
8	8								
9	9								

Parte 2. O dobro e o preenchimento da segunda linha e da segunda coluna

Geralmente as crianças têm facilidade para calcular mentalmente o dobro de um número. Em função disso, é importante que elas percebam que os resultados das multiplicações em que um dos fatores é o 2 podem ser obtidos dobrando o outro número. Por exemplo, o resultado de 2 x 7 ou de 7 x 2 pode ser obtido dobrando o 7. Assim, a segunda linha e a segunda coluna da tabela podem ser completadas por elas:

x	1	2	3	4	5	6	7	8	9
1	1	2	3	4	5	6	7	8	9
2	2	4	6	8	10	12	14	16	18
3	3	6							
4	4	8							
5	5	10							
6	6	12							
7	7	14							
8	8	16							
9	9	18							

Preenchidas essas linhas e colunas, é importante que o professor questione as crianças para estimulá-las a verbalizar a compreensão do que acontece na linha do 1 e na coluna do 1, ou seja, o fato de que os números aumentam de 1 em 1:

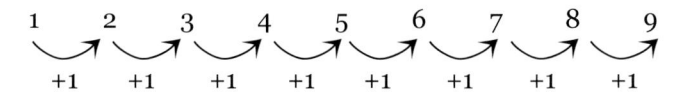

$$1 \xrightarrow{+1} 2 \xrightarrow{+1} 3 \xrightarrow{+1} 4 \xrightarrow{+1} 5 \xrightarrow{+1} 6 \xrightarrow{+1} 7 \xrightarrow{+1} 8 \xrightarrow{+1} 9$$

E, na linha do 2 e na coluna do 2, os números aumentam de 2 em 2:

$$2 \xrightarrow{+2} 4 \xrightarrow{+2} 6 \xrightarrow{+2} 8 \xrightarrow{+2} 10 \xrightarrow{+2} 12 \xrightarrow{+2} 14 \xrightarrow{+2} 16 \xrightarrow{+2} 18$$

Parte 3. Ainda o dobro: o preenchimento da quarta linha e da quarta coluna, bem como da oitava linha e da oitava coluna

Se multiplicar por 2 é achar o dobro do outro número, multiplicar por 4 é dobrar duas vezes esse número. Por isso, é importante que as crianças percebam que os resultados das multiplicações da quarta linha correspondem ao dobro dos resultados da segunda linha. Da mesma forma, os resultados das multiplicações da quarta coluna correspondem ao dobro dos resultados da segunda coluna:

x	1	2	3	4	5	6	7	8	9
1	1	2	3	4	5	6	7	8	9
2	2	4	6	8	10	12	14	16	18
3	3	6		12					
4	4	8	12	16	20	24	28	32	36
5	5	10		20					
6	6	12		24					
7	7	14		28					
8	8	16		32					
9	9	18		36					

Usando o mesmo raciocínio, pode ser completada a oitava linha e a oitava coluna da tabela, pois multiplicar por 8 é o mesmo que dobrar o número três vezes seguidas. Os resultados da oitava linha representam o dobro dos resultados que aparecem na quarta linha.

x	1	2	3	4	5	6	7	8	9
1	1	2	3	4	5	6	7	8	9
2	2	4	6	8	10	12	14	16	18
3	3	6		12				24	
4	4	8	12	16	20	24	28	32	36
5	5	10		20				40	
6	6	12		24				48	
7	7	14		28				56	
8	8	16	24	32	40	48	56	64	72
9	9	18		36				72	

Parte 4. A quinta linha e a quinta coluna e suas regularidades bem evidentes

Agora, as crianças poderão ser desafiadas a completar os resultados que estão faltando, na quinta linha e na quinta coluna. É importante discutir com elas "como são" os resultados da multiplicação de um número por 5. Provavelmente elas observarão que eles terminam em zero ou em 5, e que isso acontece alternadamente:

x	1	2	3	4	5	6	7	8	9
1	1	2	3	4	5	6	7	8	9
2	2	4	6	8	10	12	14	16	18
3	3	6		12				24	
4	4	8	12	16	20	24	28	32	36
5	5	10	15	20	25	30	35	40	45
6	6	12		24				48	
7	7	14		28				56	
8	8	16	24	32	40	48	56	64	72
9	9	18		36				72	

Parte 5. A terceira linha e a terceira coluna

Como é possível observar, a tabela está quase completa. Portanto, o professor poderá desafiar as crianças a preencherem os resultados que estão faltando na terceira linha e na terceira coluna, pela observação de que cada um deles tem três unidades a mais em relação ao que o precede na tabela:

x	1	2	3	4	5	6	7	8	9
1	1	2	3	4	5	6	7	8	9
2	2	4	6	8	10	12	14	16	18
3	3	6	9	12	15	18	21	24	27
4	4	8	12	16	20	24	28	32	36
5	5	10	15	20	25	30	35	40	45
6	6	12	18	24	30			48	
7	7	14	21	28	35			56	
8	8	16	24	32	40	48	56	64	72
9	9	18	27	36	45			72	

Parte 6. O preenchimento da sexta linha e da sexta coluna

Na sequência, o professor poderá discutir com os alunos que multiplicar um número por 6 é o mesmo que dobrar o seu triplo. Sendo assim, para completar os resultados da sexta linha e da sexta coluna, basta dobrar os resultados que aparecem na terceira linha e as da terceira coluna:

x	1	2	3	4	5	6	7	8	9
1	1	2	3	4	5	6	7	8	9
2	2	4	6	8	10	12	14	16	18
3	3	6	9	12	15	18	21	24	27
4	4	8	12	16	20	24	28	32	36
5	5	10	15	20	25	30	35	40	45
6	6	12	18	24	30	36	42	48	54
7	7	14	21	28	35	42		56	
8	8	16	24	32	40	48	56	64	72
9	9	18	27	36	45	54		72	

Parte 7. O preenchimento da nona linha e da nona coluna

Solicite às crianças que observem os resultados da nona linha e da nona coluna. Nos resultados da multiplicação por 9, já anotados na tabela, é possível perceber que o algarismo das dezenas "aumenta de 1 em 1", enquanto o algarismo das unidades "diminui de 1 em 1". Além disso, a soma do algarismo das unidades com o das dezenas resulta sempre em 9. Tais observações permitirão às crianças completar o que falta na nona linha e na nona coluna. A essa altura, a tabela está quase completa, restando apenas o resultado de 7 x 7, que pode ser obtido pela criança ao somar 7 ao 42 ou ao subtrair 7 de 56.

x	1	2	3	4	5	6	7	8	9
1	1	2	3	4	5	6	7	8	9
2	2	4	6	8	10	12	14	16	18
3	3	6	9	12	15	18	21	24	27
4	4	8	12	16	20	24	28	32	36
5	5	10	15	20	25	30	35	40	45
6	6	12	18	24	30	36	42	48	54
7	7	14	21	28	35	42	?	56	63
8	8	16	24	32	40	48	56	64	72
9	9	18	27	36	45	54	63	72	81

A sequência didática descrita, evidentemente, deve ser feita em várias etapas e acompanhada de outras estratégias didáticas, especialmente os jogos e a resolução de situações-problema.

Também no caso da multiplicação, jogos como os dominós podem ser explorados para ajudar as crianças na memorização desses fatos básicos e estimular o cálculo mental. Veja abaixo um dominó com fatos básicos da multiplicação:

2x2	28		1x3	72		2x8	2		2x6	48
1x2	20		4x5	24		8x6	3		8x2	10
2x3	1		2x5	18		4x6	14		1x1	16
4x9	8		8x5	36		8x9	4		4x7	40
2x4	16		8x7	12		2x9	6		2x7	56
1x9	64		1x5	32		4x8	5		8x8	9

Outras descobertas importantes

Em relação à multiplicação, é muito importante que as crianças possam perceber regularidades nos casos em que um dos fatores é 10, 100, 1.000 etc. Isso pode ser feito com a proposta de uso de uma calculadora, em que elas são convidadas a preencher tabelas e a analisar o comportamento dos resultados. Vejamos alguns exemplos:

Caso 1

10 X 10 =	
13 X 10 =	
100 X 10 =	
134 X 10 =	
1.000 X 10 =	
1.234 X 10 =	

O que você observou em relação às multiplicações por 10.

Caso 2

20 X 100 =	
24 X 100 =	
200 X 100 =	
145 X 100 =	
2.000 X 100 =	
3.459 X 100 =	

O que você observou em relação às multiplicações por 100.

O papel quadriculado como apoio

O uso de papel quadriculado é um recurso muito interessante para a compreensão do algoritmo da multiplicação. A ilustração abaixo, por exemplo, pode ser usada em uma situação-problema na qual precisamos calcular o produto de 14 x 3. Observe:

No quadriculado anterior, as crianças podem realizar os seguintes cálculos:
Na parte clara: 10 x 3 = 30
Na parte sombreada: 4 x 3 = 12
Total: 30 + 12 = 42
Também podem relacionar esses cálculos a essas outras formas de registro:

						1		
1	0	+	4			1	4	
		x	3			x	3	
3	0	+	12			4	2	
	4	2						

No caso de uma multiplicação como 14 x 12, também pode ser usado o papel quadriculado para evidenciar os produtos parciais:

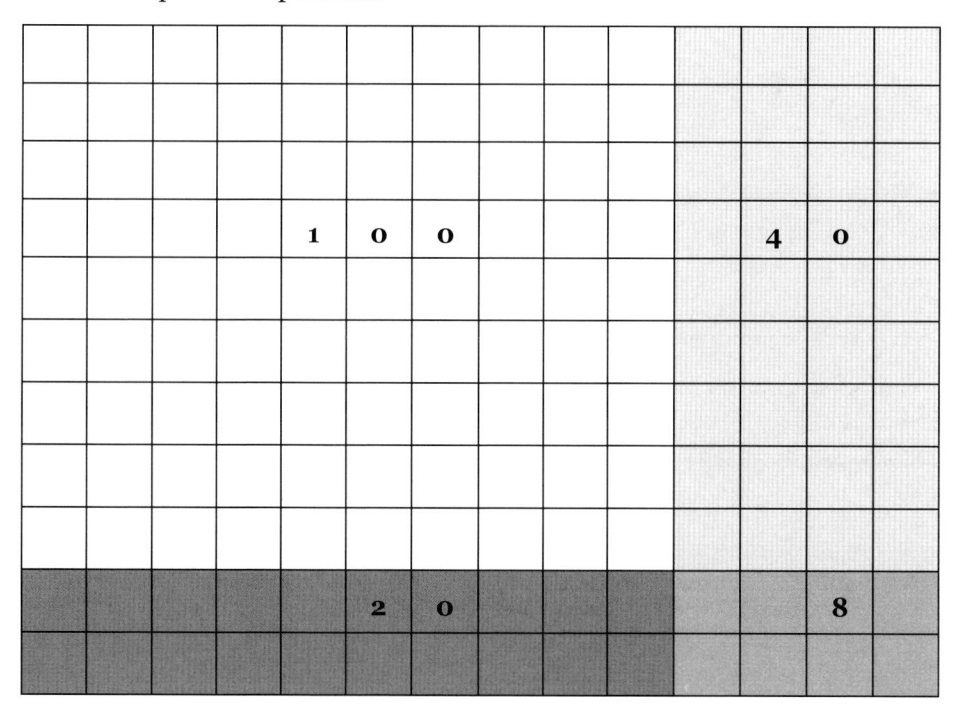

(quadriculado com produtos parciais: 100, 40, 20, 8)

			1	0	+	4			1	4
		x	1	0	+	2		x	1	2
			2	0	+	8			2	8
1	0	0	+	4	0			+	1	4	0
1	0	0	+	6	0	+	8		1	6	8

A construção de registros para a divisão

Desde o 1º ano do Ensino Fundamental, as crianças são capazes de fazer repartições equitativas de objetos entre um grupo de amigos. Essas experiências podem ser registradas pelo professor na medida em que vão sendo realizadas pelas crianças, como podemos ver no exemplo abaixo:

Um aluno distribui 13 tampinhas entre 4 colegas, dando uma tampinha de cada vez a cada colega. O professor registra e explica o significado de cada número presente no registro:

	1	3	4
-		4	1
		9	
-		4	
		5	
-		4	1
		1	3

Esse tipo de atividade é feito várias vezes; o aluno que faz a distribuição é incentivado a avaliar se pode dar mais de uma tampinha aos colegas por vez. Assim, os registros vão sendo encurtados na medida em que as crianças conseguem melhorar suas estimativas, como mostram os registros abaixo das divisões 25 : 4 e 35 : 4.

		2	5	4			3	5	4	
	-		8	2		-	1	6	4	
		1	7				1	9		
	-	1	2	3		-	1	2	3	
			5					7		
	-		4	1			-	4	1	
			1	6				3	8	

Outra forma que temos usado para incentivar as estimativas é a dos esquemas de decomposição indicados a seguir. O primeiro mostra a divisão 267 : 2 proposta a alunos de 7 anos, em seu segundo ano de escolaridade. As estimativas vão sendo registradas nos quadros amarelos e os restos nos azuis. Para achar o resultado, basta adicionar: 100 + 30 + 3 = 133.

	100		30		3	
267		67		7		1
	100		30		3	

No caso de uma divisão como 512 : 3, um registro de aluno dessa faixa etária foi:

	100		70		3	
519	100	219	70	9	3	0
	100		70		3	

O processo de estimativas é interessante, pois pode ser usado também em divisões cujo divisor tem mais de um algarismo, caso em que surgem muitas dificuldades de aprendizagem. Vejamos dois exemplos:

	1	2	3	6	1	2
-	1	2	0	0	1	0	0
			3	6	+	3
		-	3	6	1	0	3
				0		

	1	8	7	5	1	2	5
-	1	2	5	0		1	0
		6	2	5	+	5
	-	6	2	5		1	5
				0			

Palavras finais

Ao longo deste livro, convidamos você para uma reflexão sobre os caminhos percorridos no ensino e na aprendizagem de números e operações.

De início, contamos algumas histórias sobre a criação dos números e da numeração e recuperamos histórias sobre abordagens didáticas dos números naturais e das operações, tendo em vista que esses conhecimentos são relevantes para que possamos compreender e avaliar nossas ações no presente.

Depois, revisitamos conceitos e procedimentos matemáticos a respeito de números e operações, alguns dos quais foram estudados em diferentes momentos da sua trajetória escolar e são importantes para a prática docente.

Levando em conta contribuições de diferentes pesquisas ao longo das últimas décadas, organizamos uma proposta de estudo das principais referências para o ensino e a aprendizagem de números e operações, sem esgotá-las, certamente.

Finalmente, apresentamos atividades que costumamos discutir com professores em processos de sua formação e de desenvolvimento curricular, bem como na produção de materiais didáticos para essa etapa da escolaridade. Com isso, esperamos ter contribuído para sua prática em sala de aula.

Referências bibliográficas

BARIONI, Walther. Os programas de aritmética do curso primário. *Revista do Professor*. São Paulo, v. 15, nº 32, p. 32, maio 1957.

BRASIL. Ministério da Educação e do Desporto. Secretaria de Educação Fundamental. *Parâmetros Curriculares Nacionais*: primeiro e segundo ciclos do Ensino Fundamental. Brasília, DF, 1997. Disponível em: <http://portal.mec.gov.br/index.php?option=com_content&view=article&id=12640:parametros-curriculares-nacionais1o-a-4o-series&catid=195:seb-educacao-basica>. Acesso em: 11 mar. 2012.

BONALDO, I. M. *Investigações sobre números naturais e processos de ensino e aprendizagem desse tema no início da escolaridade*. São Paulo, 2007. Dissertação – Pontifícia Universidade Católica de São Paulo. Disponível em: http://www.pucsp.br/pos/edmat/mp/dissertacao/iclea_bonaldo.pdf. Acesso em: 11 mar. 2012.

BOYER, C. *História da matemática*. São Paulo: Edgard Blucher; Edusp, 1974.

DIENES, Z. P. *As seis etapas do processo de aprendizagem*. Tradução de Maria Pia B. de Macedo Charlier e René F. J. Charlier. São Paulo: EPU; Brasília: INL, 1975. 72 p.

FAYOL, M. *A criança e o número*: da contagem à resolução de problemas. Tradução de Rosana Severino de Leoni. Porto Alegre: Artes Médicas, 1996.

FRANCHI, A. Considerações sobre a teoria dos campos conceituais. In Alcântara Machado, S. D. *et al*. *Educação matemática*: uma introdução. São Paulo: EDUC, 1999, p. 155-195.

GRAY, E. M.; TALL, D. O. Duality, ambiguity and flexibility: a proceptual view of simple arithmetic. *Journal of Research in Mathematics Education*. Barcelona, v. 25, nº 2, p. 115-141, mar. 1994.

INSTITUT NATIONAL DE RECHERCHE PEDAGOGIQUE (atual Institut Français de l'Éducation). *Apprentissages numériques et résolution de problèmes,* CP. Paris: Hatier, 1991. (Coleção Ermel.)

KAMII, C. *A criança e o número*: implicações educacionais da teoria de Piaget para a atuação junto a escolares de 4 a 6 anos. Tradução de Regina A. de Assis. 28ª ed. Campinas: Papirus, 2001.

_____; DECLARK, G. *Reinventando a aritmética*: implicações da teoria de Piaget. 9ª ed. Campinas: Papirus, 1994.

KLINE, M. *O fracasso da matemática moderna*. Tradução de Leônidas Gontijo de Carvalho. São Paulo: Instituto Brasileiro de Difusão Cultural, 1976.

LERNER, D.; SADOVSKY, P. O sistema de numeração: um problema didático. In: PARRA, C.; SAIZ, I. *et al.* (orgs.) *Didática da matemática*: reflexões psicopedagógicas. Tradução de Juan Acuña Llorens. Porto Alegre: Artes Médicas, 1996, p. 73-155.

LOURENÇO, M. A. A aritmética na escola primária. *Revista da Educação*. São Paulo, v. 31, p. 186-197, jan.-jun. 1944.

MELO, Orlando Ferreira de. O ensino dos problemas aritméticos. *Revista do Ensino*. Porto Alegre, nº 6, p. 61, maio 1952.

PARRA, C. Cálculo mental na escola primária. In: _____; SAIZ, I. *et al.* (orgs.) *Didática da matemática*: reflexões psicopedagógicas. Porto Alegre: Artes Médicas, 1996.

PIRES, C. M. C. *Conversas com professores dos anos iniciais*. Zapt: São Paulo, 2012.

_____. Descobertas de professoras sobre o universo numérico das crianças: a construção de saberes por meio de pesquisas realizadas com seus alunos. In: Encontro Nacional de Didática e Prática de Ensino (Endipe), 14º, 2008, Porto Alegre. *Anais*. Porto Alegre: PUC-RS, 2008.

_____; DUTOIT, R. Educação matemática nas escolas dos povos da floresta: formação de professores dos anos iniciais. *Educação Matemática Pesquisa*. São Paulo, v. 13, nº 2, p. 291-312, 2011.

RENCONTRES PÉDAGOGIQUES. Paris: Institut National de Recherche Pédagogique, nº 21 (*Un, deux... beaucoup, passionement! Les enfants et les nombres*), 2ª ed., 1988.

RODRIGUES, W. S. *Base dez*: o grande tesouro matemático e sua aparente simplicidade. Dissertação (Mestrado em educação matemática) – Programa de Pós-Graduação em Educação Matemática, Pontifícia Universidade Católica de São Paulo, São Paulo, 2001. Disponível em: <http://www.sapientia.pucsp.br/tde_busca/arquivo.php?codArquivo=6046>. Acesso em: 11 mar. 2012. 188 f.

ROSA NETO, Ernesto. *Didática da matemática*. 11ª ed. São Paulo: Ática, 2002.

SÃO PAULO (Estado). Secretaria da Educação. Coordenadoria de Estudos e Normas Pedagógicas. *Proposta curricular para o ensino de matemática*: 1º grau. São Paulo, 1986.

SÃO PAULO (Estado). Secretaria da Educação. Coordenadoria de Estudos e Normas Pedagógicas. *Subsídios para a implementação do guia curricular de matemática*: álgebra para o 1º grau – 1ª a 4ª séries. 2ª ed. São Paulo, 1979.

SÃO PAULO (Estado). Secretaria da Educação. *Guias curriculares propostos para as matérias do núcleo comum do ensino do 1º grau*. São Paulo, 1979.

SHULMAN, L. S. Those who understand: knowledge growth in teaching. *Educational Researcher*. Washington, v. 15, nº 2, p. 4-14, 1986.

VERGNAUD, G. *L'enfant, la mathématique et la réalité*. 5ª ed. Berna: Peter Lang, 1996.

_____. Multiplicative conceptual field: what and why? In: GUERSHON, H.; CONFREY, J. (eds.) *The development of multiplicative reasoning in the learning of mathematics*. Albany: State University of New York Press, 1994, p. 41-59.

A autora

Célia Maria Carolino Pires é licenciada em matemática e em pedagogia, com mestrado em matemática pela PUC-SP (1982) e doutorado em educação pela USP (1995). Foi coordenadora da equipe dos Parâmetros Curriculares Nacionais (PCNs) do Ministério da Educação (MEC) para o Ensino Fundamental e Educação de Jovens e Adultos (EJA). Atualmente, é professora titular do Departamento de Matemática da PUC-SP, onde coordena o grupo de pesquisa Desenvolvimento Curricular e Formação de Professores em Matemática. É ainda membro do corpo editorial e parecerista das revistas *Educação Matemática Pesquisa, Zetetiké, Relime, Ciência & Educação*, entre outras.